海域价格评估实证研究

孔昊　袁征　等 著

U0195115

海洋出版社

2024 年·北京

图书在版编目（CIP）数据

海域价格评估实证研究 / 孔昊等著 . -- 北京：海洋出版社，2024. 12. -- ISBN 978-7-5210-1430-3

Ⅰ . P7；D993.5

中国国家版本馆 CIP 数据核字第 2024NZ1087 号

责任编辑：高朝君

责任印制：安　淼

海洋出版社　出版发行

http://www.oceanpress.com.cn

北京市海淀区大慧寺路 8 号　邮编：100081

涿州市般润文化传播有限公司印刷　新华书店经销

2024 年 12 月第 1 版　2024 年 12 月第 1 次印刷

开本：710mm×1000mm　1/16　印张：13.25

字数：201 千字　定价：98.00 元

发行部：010–62100090　总编室 010–62100034

海洋版图书印、装错误可随时退换

《海域价格评估实证研究》
主要写作人员

孔　昊　　袁　征　　赵宇宁

邵子南　　罗美雪　　胡灯进

沈佳纹　　马艳丽　　彭日财

前　言

　　海域是我国发展海洋经济、兴国富民的基本要素。近年来，随着海洋开发利用的深度和广度不断扩展，包括围填海在内的各类用海活动日益增多，海域资源环境遭受破坏等问题也日益凸显，海域资源的稀缺性不断提升。为了提高海域利用效率，实现海域集约节约利用，最大限度地发挥海域的社会、经济、生态效益，2002 年实施的《中华人民共和国海域使用管理法》明确了我国海域的有偿使用制度，并提出了海域资产化管理的要求。为落实该项制度，海域价格评估工作在国家层面和沿海各地市层面逐步开展。所谓海域价格，实质上是一种资源价格，是海域使用者为了获取海域预期收益而支出的货币额，是海域使用权的市场交易价格，也是海域所有权的经济表现形式；而海域价格评估即按照一定的原则、程序和方法，对特定海域价格进行评定、估算的行为。

　　随着国家资源管理体制改革的加快，财政部会同国家海洋局分别于 2007 年和 2018 年两次颁布实施了全国范围的海域使用金征收标准。海域价格评估方法体系的框架也逐步构建完善。国家海洋局于 2013 年颁布了《海域评估技术指引》（国海管字〔2013〕708 号），自然资源部于 2020 年发布了行业标准《海域价格评估技术规范》（HY/T 0288—2020）。2021 年，为服务自然资源整体的市场配置与合理开发利用，自然资源部颁布了土地行业标准《自然资源价格评估通则》（TD/T 1061—2021）。与土地评估类似，海域价格评估的方法也主要聚焦在收益还原法、成本逼近法、剩余法、市场比较法和基准价系数修正法这 5 种经典的评估方法。

单宗海域价格评估工作的需求也随着海域资源市场化配置程度的提高而不断增加。2013年《国家海洋事业发展"十二五"规划》要求"开展海域价值评估，推进实施海域使用权招标、拍卖和挂牌出让工作"；之后又在《2014年海域综合管理工作要点》《全国海洋经济发展"十三五"规划》《海域、无居民海岛有偿使用的意见》等一系列政策文件中多次明确"全面推行海域使用权招拍挂出让，完善市场化配置方式"。在地方层面，浙江、河北、福建、海南和山东等省陆续颁布招标、拍卖、挂牌出让海域使用权管理办法，以规范海域使用权招拍挂行为。由此看出，海域市场化配置已成为当前海域出让的主要方式，而实施海域市场化配置的基础是准确评估海域的价格。海域价格评估工作在海域行政管理中的地位越发重要。

与土地价格评估相比，海域价格评估工作起步晚，尽管海域价格评估方法体系框架由"指引"到"行业标准"逐步构建，但是考虑到海域开发活动的特殊性和复杂性，完全借鉴土地评估中的经验和参数是不科学的，仍需要对大量的海域评估案例进行分析和提炼，从而为海域评估工作的进一步完善发挥积极的作用。鉴于此，本书筛选了作者团队近年来在福建、广东、海南等地的18个评估案例；并按照各评估案例的用海类型，详细介绍不同评估方法在不同用海类型的海域价格评估中的应用。其中，第四章"渔业用海价格评估案例"包含5个案例；第五章"工业用海价格评估案例"包含3个案例；第六章"交通运输用海价格评估案例"包含2个案例；第七章"旅游娱乐用海价格评估案例"包含4个案例；第八章"造地工程用海价格评估案例"包含4个案例。

目前，海域价格评估仍不成熟，尚有诸多问题需要进一步探讨和完善。比如，还原利率的计算、剩余法评估结果"倒挂"问题、与市场化出让的衔接、填海形成土地的收益共享机制等。本书疏漏、贻误之处在所难免，恳请广大读者批评指正。

作者

2024年9月16日

目　录

第一章　绪论 ·· 1

　　一、海域及海域权属 ··· 1

　　二、海域价格评估研究进展 ·· 4

　　三、海域价格评估理论基础 ·· 12

第二章　我国海域权属管理及有偿使用制度 ································· 19

　　一、我国海域权属管理制度沿革 ··· 19

　　二、我国海域使用权属管理制度 ··· 23

　　三、我国海域有偿使用制度 ·· 34

第三章　海域价格评估的内涵及方法 ·· 40

　　一、海域价格评估的内涵 ··· 40

　　二、海域价格评估的方法 ··· 41

第四章　渔业用海价格评估案例 ··· 51

　　一、基于剩余法评估某网箱养殖用海价格 ······························· 51

　　二、基于收益还原法评估某筏式养殖用海价格 ························· 55

　　三、基于市场比较法评估某开放式养殖用海价格 ····················· 59

　　四、基于海域基准价系数修正法评估某深远海养殖用海价格 ······ 65

　　五、基于成本逼近法评估某开放式养殖用海价格 ····················· 71

第五章　工业用海价格评估案例 ··· 76

　　一、基于收益还原法评估某海砂开采用海价格 ························· 76

　　二、基于市场比较法评估某海砂开采用海价格 ························· 87

　　三、基于成本逼近法评估某电力工业用海价格 ························· 95

第六章　交通运输用海价格评估案例 ·· 101

　　一、基于成本逼近法评估某港口用海价格 ····························· 101

二、基于许可费节省法评估某港池用海价格 …………………… 106

第七章　旅游娱乐用海价格评估案例 ……………………………… 110

一、基于剩余法评估某游乐场用海价格 ……………………… 110

二、基于剩余法评估某旅游基础设施（游艇码头）用海价格 ……… 122

三、基于市场比较法评估某旅游基础设施用海和游乐场用海价格 …… 132

四、基于收益还原法评估某浴场用海价格 …………………… 139

第八章　造地工程用海价格评估案例 ……………………………… 152

一、基于剩余法评估某工业填海造地用海价格 ……………… 152

二、基于剩余法评估某城镇建设填海造地用海价格 ………… 159

三、基于市场比较法评估某工业填海造地用海价格 ………… 182

四、基于成本逼近法评估某工业填海造地用海价格 ………… 188

第九章　结语 ………………………………………………………… 195

参考文献 ……………………………………………………………… 199

第一章　绪论

一、海域及海域权属

（一）海域

（1）国际法意义上的海域

现代社会的海域概念最早产生于国际法领域，主要是为各主权国家解决海域主权问题之争而产生的。国际海洋法调整各国之间就海洋的控制和利用而形成的各种关系。

早在罗马时代，人们就将海域视为共有物，具有公共性，任何人都有亲善海洋的权利，将海域作为公共使用的共同资源，人们享有自由入海的传统权利和自由。由于海洋资源的利用程度处于低级状态，并没有用相当的经济价值来对其进行衡量。直至进入现代以后，海洋已经越来越发挥它资源丰富的作用来满足人们对价值的追求（徐春燕，2006）。根据《联合国海洋法公约》规定，领海是沿海国的主权及于其陆地领土及其内水以外邻接的一带海域，在群岛国的情形下则及于群岛水域以外邻接的一带海域。除《联合国海洋法公约》第四部分（涉及群岛国）另有规定外，领海基线向陆一面的水域构成国家内水的一部分。就内水和领海而言，内水和领海是国家领土的重要组成部分。毗连区从测量领海宽度的基线量起，不得超过24海里[①]。沿海国可在毗连其领海称为毗连区的区域内，行使为下列事项所必要的管制：（a）防止在其领土或领海内违反其海关、财政、移民或卫生的法律的规章；（b）惩治在其领土或领海内违反上述法律和规章的行为。专属经济区从测算领海宽度的基线量起，不应超过

---

① 1 海里 = 1852 米。——编者注

1

200海里。沿海国在专属经济区内有以勘探和开发、养护和管理海床上覆水域和海床及其底土的自然资源（不论为生物或非生物资源）为目的的主权权利，以及关于在该区内从事经济性开发和勘探，如利用海水、海流和风力生产能等其他活动的主权权利。沿海区的大陆架包括其领海以外依其陆地领土的全部自然延伸，扩展到大陆边外缘的海底区域的海床和底土，如果从测量领海宽度的基线量起到大陆边的外缘的距离不到二百海里，则扩展到二百海里的距离。沿海国为勘探大陆架和开发其自然资源的目的，对大陆架行使主权权利。

（2）国内法意义上的海域

根据《中华人民共和国领海及毗连区法》的规定，国家对领海行使主权，对毗连区行使管制权。中华人民共和国领海为邻接中华人民共和国陆地领土和内水的一带海域。中华人民共和国领海基线向陆地一侧的水域为中华人民共和国的内水。《中华人民共和国专属经济区和大陆架法》则规定，国家在专属经济区为勘查、开发、养护和管理海床上覆水域、海床及其底土的自然资源，以及进行其他经济性开发和勘查，如利用海水、海流和风力生产能等活动，行使主权权利。国家为勘查大陆架和开发大陆架的自然资源，对大陆架行使主权权利。在专属经济区与大陆架行使特定开发利用自然资源活动的管辖权时，应当依据特定的国内专业性法律，如《中华人民共和国渔业法》《中华人民共和国矿产资源法》。由此可以看出，这些国内法意义上的"海域"包括我国享有主权的内水和领海以及享有一定的管制权和资源主权权利的毗连区、专属经济区和大陆架。

而《中华人民共和国海域使用管理法》（以下简称《海域使用管理法》）对我国行政管理所涉海域范围进行了明确界定，即"本法所称海域，是指中华人民共和国内水、领海的水面、水体、海床和底土"。可见，毗连区、专属经济区和大陆架均不在《海域使用管理法》调整的海域范围之列。本书所研究的海域，限于《海域使用管理法》所规定的范围。这是一个空间（或者空域）资源的概念，是对传统民法中"物"的概念的延伸与发展。

（二）海域权属

海域使用权属与海域所有权属，即海域使用权和海域所有权的归属，共同构成了海域权属的内容。

海域所有权就是海域所有人对海域的占有使用、收益和处分的权利。与大多数国家一样，我国海域具有专属性，即海域属于国家所有。《海域使用管理法》第三条第一款中规定"海域属于国家所有，国务院代表国家行使海域所有权。任何单位或者个人不得侵占、买卖或者以其他形式非法转让海域。单位和个人使用海域，必须依法取得海域使用权"，从法律上确认了我国海域所有权归属于国家。

海域使用权的产生，是随着海洋开发活动的日益频繁而出现的。1993 年财政部和国家海洋局联合颁布的《国家海域使用管理暂行规定》、2002 年施行的《海域使用管理法》以及 2007 年颁布实施的《中华人民共和国物权法》中均明确地使用了"海域使用权"这一概念。根据海域所有权和使用权分离的原则，《海域使用管理法》明确海域属国家所有，公民、法人或其他组织利用国家海域需要依法取得海域使用权。另外，《海域使用管理法》还专设一章"海域使用权"（第四章）对海域使用权的取得、内容等作出详细规定。海域使用权可以通过申请审批、招标或者拍卖的方式取得。

（三）海域使用金

海域使用金是国家以海域所有者身份，以出让海域使用权等有偿使用的方式，向取得海域使用权的单位和个人收取的权利金。《海域使用管理法》规定："国家实行海域有偿使用制度。单位和个人使用海域，应当按照国务院的规定缴纳海域使用金。海域使用金应当按照国务院的规定上缴财政。"《中华人民共和国海域使用管理法释义》对海域使用金的解释是"国家作为海域自然资源的所有者出让海域使用权应当获得的收益，是资源性国有资产收入"。海域使用金有明确的征收依据，2018 年财政部会同国家海洋局联合发布的海域使用金征收标准，根据海域使用特征及对海域自然属性的影响程度，按照用海方式分为五大类 24 小类。

针对中央收取的海域使用金使用的管理，我国颁布了《海域使用金使用管理暂行办法》(财建〔2009〕491号)。中央当年收取的海域使用金由财政部在下一年度支出预算中安排使用，主要用于海域整治、保护和管理。具体使用范围包括：①海域使用管理政策、法规、制度、标准的研究和制定；②海域使用区划、规划、计划的编制；③海域使用调查、监视、监测与海籍管理；④海域使用管理执法能力装备及信息系统建设；⑤海域分类定级与海域资源价值评估；⑥海域、海岛、海岸带的整治修复及保护；⑦海域使用管理技术支撑体系建设；⑧海域使用金征管及海域使用权管理；⑨国务院财政部门、海洋行政主管部门确定的与海域保护和管理有关的其他项目。

（四）海域价格

《海域价格评估技术规范》对海域价格的定义进行了明确界定：在市场条件下形成的一定年期的海域使用权价格。由此可以看出，海域价格是海域使用者为了获取海域预期收益而支出的货币额，是海域使用权的市场交易价格，也是海域所有权的经济表现形式。

海域价格的范畴要大于海域使用金。海域价格既包含国家作为海域所有者获取的权益收益（海域使用金），也包含海域价格定义范围内各主体在海域出让前对海域的开发活动付出的成本和收益。

二、海域价格评估研究进展

（一）宗海价格评估研究进展

关于宗海价格的定义，于青松等（2006）认为，宗海价格是指某海域使用单位或个人使用权属范围内的具体海域在某一时间的海域使用权价格。王静等（2006）认为，宗海价格是针对需要确权或交易的具体海域的评估，因评估目的不同，可以采用海域使用金溢价、多年期海域使用权价格、围填海一次性出让价格等多种形式。

王静等（2006）借鉴土地资源评估、资产评估和生态服务功能价值评估的相关理论和经验，以宗海为评估对象提出了单宗海域可行的价值评估方法，并以连云港两宗填海用海为例分别以剩余法和收益还原法对其进行了宗海估价。采用剩余法对连云港连岛度假区填海工程进行宗海估价，得出的宗海价格为 43.02 万元 / 亩（1 亩≈666.67 平方米）；采用收益还原法对连云港港庙岭三期突堤填海造地进行宗海估价，得出的宗海价格为 38.93 万元 / 亩。

秦书莉（2006）认为，海域价格评估是推行海域有偿使用制度所面临的核心问题，由海域资本价格、稀缺性价格和环境补偿价格三个部分组成，并构建了海域资源的基本定价模型，以天津海域为例进行实证分析并从养殖、增殖和旅游两类用海模式上对海域价格进行试评估。

徐伟（2007）认为，宗海价格评估程序是指宗海估价全过程中的各项具体工作，按其内在联系性所排列出的先后次序进行。宗海价格评估的实际程序，是从接受委托估价者的估价委托书开始到写出估价报告书，然后将报告书交给委托评估者从而领取估价报酬的全过程。其研究分析了影响宗海价格的各类因素，探讨了各种宗海价格评估方法，改进了市场比较法、收益法和成本逼近法，建立了均值比较法，对因素的分类有助于市场比较法和均值比较法进行因素选择与修正。采用均值比较法、收益法（现金流量折现法）对 XX 船厂的港池使用权价值进行了评估。实例证明，在当前海域市场尚不完善、比较实例难以获得的情况下，利用全国海域分等的资料，采用均值比较法较为适宜。

赵学良（2008）借鉴土地等一般资产评估的理论方法和估价体系，根据用海类型的不同，分别采用收益还原法、机会成本法、假设开发法和市场比较法等常用估价方法进行海域价格测算。

岳奇（2010）采用理论和实践相结合的方法，以生产要素贡献分配理论、区位理论和地租理论等为理论基础，着重研究了当前适合我国海域管理的主要海域评估方法，并以莱州港为例，采用海域纯收益调整系数法和现金流量折现法评估莱州港海域使用金。

王静（2013）以自然资源价值理论、区位理论、地租和海租理论、供求理论为依据，建立了样点价格—区片基准价格—级别基准价格—宗海价格的价格评估体系，以象山县港口用海为例进行实证研究。其认为港口用海宗海价格评估中，在海域市场发育和交易资料易获取的情况下，宗海价格宜采用市场比较法、收益还原法、成本法或假设开发法进行评估；在目前港口用海交易市场不发育的情况下，宜采用基准价格系数修正法进行评估。

王满等（2014）认为，宗海价格评估是推动海域资源市场化运作的重要依据，以价格的形式体现海域资源的价值，必须建立科学的评估方法以保证宗海价格评估的公正和公平。其探讨宗海价格特点及其评估的一般要求，总结并比较了应用于宗海评估的各种经济学方法。其通过实例研究和对比分析，将宗海价格评估的理论方法与实践研究相结合，对宗海价格评估方法进行深入探讨，并提出在海域资源市场化程度较低的地区，可采用基准价格修正法评估宗海价格；在海域资源市场化程度较高的地区，可采用市场比较法；在企业经营资料充足的海区，可采用收益资本化法、购买年法、成本法等方法进行宗海价格评估。

赵梦（2014）结合旅游娱乐用海的特点，从社会经济、自然环境等方面建立旅游娱乐用海的价格影响因素体系。其详细研究了当前主要的旅游娱乐用海评估方法，在此基础上，提出资源质量评价比较法。该研究结合海花岛旅游情况，采用市场比较法、假设开发法和资源质量评价比较法对其海域进行评估，分析确定其海域价格，同时对比各种方法在旅游娱乐用海评估中的局限，并提出了海域评估的发展建议。

王文俊（2015）在海域价格评估理论研究的基础上，对现有海域价格评估方法进行了对比研究，发现直接市场法的应用场景较为普遍，是最常用的海域评估方法，而替代市场法和假设开发法则是直接市场法的补充方法。在海域评估理论和海域价格评估方法研究的基础上，作者提出了海域价格评估的新公式，增加了以往海域价格评估中所忽略的城镇发展水平影响系数和生态补偿系数因子，这两个因子随着地域的不同而有所区别。其利用新的海域价格评估公式，对厦门五缘湾海域价格进行实证研究，证明了新方法的科学性。

相慧等（2015）以嘉兴独山港区一宗交通运输用海的价格评估为例，分析成本法在海域资源一级市场价格评估中的应用，探讨其适用性以及存在的局限性，并提出克服局限性的建议。该研究对于我国开展海域资源一级市场使用权价格评估具有重要的现实意义和借鉴作用。

凌杨等（2015）以连云港市养殖用海类型的海域使用权价格评估为例，探讨利用生产函数模型来测算海域纯收益。研究发现，生产函数模型能够较好地拟合养殖总收益与海域生产各项要素投入的关系，反映出海域这一要素在生产过程中所做的贡献。研究结果表明，当前养殖用海海域利用效率偏低，海水养殖仍属于粗放型养殖；海域使用权价格受用海方式、养殖海产品种类等因素的影响较大。

林静婕等（2016）选取海南省文昌市一个人工岛围填海项目作为案例，采用假设开发法详细测算了该海域的价格，并分析假设开发法在海域价格评估中的应用，探讨该方法存在的局限性和适用性。其认为采用假设开发法开展海域价格的评估，对加强我国海域价格管理、促进海域的合理利用、推动我国海洋产业的健康发展具有强烈的现实指导意义。

胡灯进等（2016）从海域物权的视角分析海域使用权和采矿权的法律属性，研究两者权利标的物的不同法律性质，从而明确海域使用权所指的海域是由三维空间（水面、水体、海床和底土）、地貌、水深地形、地质条件、潮流、波浪、生态环境、景观等不可分割的固有自然条件要素组成的立体空间，本质上为海域空间资源，是海砂等其他海洋自然资源的载体；海域使用权和采矿权之间的相互独立性，决定了海域使用权价格与采矿权价款间的非包含关系；因此，采用收益法评估海砂开采海域使用权价格时，采矿权价款宜以成本列入计算。

钟毅飞（2016）以衢山鼠浪湖海域的海域使用权价格为研究对象，对海域价值评估相关概念、海域价值评估理论及方法，以及我国海域有偿使用制度进行了分析。在此基础上，采用基准价格系数修正法和成本法实证研究与评估了衢山鼠浪湖海域一填海实例的海域使用权价格，从而分析海域价格评估制度的实施对海域有偿使用的意义。

孔昊等（2017）设计了一个建设填海造地用海一级市场海域使用权价格评估案例，并利用不同评估方法，对情景设计的海域使用权价格进行评估。结果显示：假设开发法理论成熟，能够很好地体现海域使用权价格的内涵，建议作为海域使用权价格评估工作中的最优先选择方法；"海域评估技术指引"中的成本法无法体现海域自然属性对海域使用权价格的影响，因此并不适用于海域一级市场评估，需要慎用；"海域评估技术指引"中成本法不适用的根源在于忽略了海域增值收益，故亟须对其进行修改完善，在原有公式的基础上，增加海域增值收益项。

宋协法等（2018）以山东省荣成市一宗海带筏式养殖海域评估项目为例，利用成本法和收益法详细测算了目标海域的价格。研究表明，成本法和收益法适用于海带筏式养殖海域的实际评估，以这两种方法评估，目标海域在评估基准日期 2016 年 12 月 31 日时的价格分别为 138.23 万元和 131.13 万元，在一定程度上验证了成本法和收益法适用于水产养殖海域的价值评估。

王飞（2018）阐述了海域增值的原因和海域增值的影响因素，研究提出了海域增值收益测算评估的技术思路和评估原则，重点研究了海域增值收益测算评估中关键参数海域增值收益率的确定方法，并以台州市椒江区大陈岛 6 号渔业用海海域出让阶段的增值收益测算为例，实证研究了海域价格评估实务中的海域增值收益测算评估方法。

孔昊等（2021）认为，在诸多评估方法中，假设开发法把在开发海域和未开发海域假设为已完工状态而进行评估，适用于当前海域市场化出让前的状态，已经成为目前海域使用权评估领域最常用的评估方法。文章选取 A 市游艇码头项目用海为例，利用假设开发法详细测算了该宗海域价格，并对测算过程和测算结果进行分析。

孔昊等（2021）选取 B 市游乐场用海为例，利用假设开发法详细测算了该宗海域价格，并通过对测算过程和测算结果进行分析，探讨假设开发法在开放式旅游娱乐用海海域价格评估领域的应用及局限。

陈万隆（2021）指出，海域基准价格系数修正法是一种基于替代原理的海域价格重要评估方法，以不同用海方式的海域基准价格为基础，综合分析影响宗海海域价格的影响因子，判断宗海海域价格相对于海域基准价格的修正幅度，从而确定宗海海域价格。

袁征（2021）以福建省某市提前收回一港池用海的海域使用权为例，

采用许可费节省法详细测算该海域的征收补偿价格，探讨该方法的局限性和适用性，为我国海域使用权的征收补偿评估提供方法与案例。

郑晓云等（2021）对海域价格评估的方法进行了对比分析，最终以基准系数修正法为主，通过对影响海域价格主要因素的探讨，优化构建了修正系数，并结合深圳地区的有关实例开展相关用海方式的基准价格评估。

（二）海域基准价评估研究进展

于青松等（2006）指出，"海域基准价格是反映在正常经营条件利用特定类型各级别海域或均质海域使用权价位的标准指导价格"。研究指出，海域基准价格的建立和评估运用借鉴了城市基准地价的概念，应按照海域使用方式评估年使用权基准价格、法定最高使用年限的使用权基准价格或一次性海域使用权基准价格，且对于不同基准日的价格都有若干种评估方法。例如，对于法定最高年限基准价格的评估，可采用级差收益测算法、市场交易资料法或补偿价格测算法；对于一次性海域使用权基准价格的评估，可采用土地售价与开发费用差价测算和海域补偿价格结合的方法，等等。海域纯收益测算作为海域基准价评估的关键，可运用生产要素贡献分配法、海域投资利息补偿法进行测算。

苗丰民等（2007）提出，"海域基准价的概念来源于土地基准价格，是指正常经营条件下每一个海域等的不同海域使用类型的使用权平均价格"。海域使用基准价格评估首先应确定评估的基本单元，在对基本单元进行综合评定并划分出海域等别的基础上，对样点收益进行调查，采用收益还原法、级差收益法计算的样点海域价值作为海域基准价评估的依据。

王平等（2008）认为，海域使用基准价等于海域资源纯收益加上海域属性改变附加值，以各类用海对海域属性的改变为依据，计算出了各类用海海域功能价值修订系数与海域属性改变附加值结果。文章以广东省海域为例，在海域综合分等的基础上，评估得出建设填海造地用海海域各等级基准价分别为163万元/公顷、120万元/公顷、75万元/公顷和45万元/公顷；提出海底电缆管道用海与区域等级关系较小而不按等级定价，采用基准收益法得出广东省（全国）海域使用基准价统一为1.25万元/公顷。

彭本荣等（2006）从资源租金角度论述了海域价值、海域价格的定义，比较了城市土地估价方法对于海域价值评估的可行性和限制因素，考虑自然因素而对厦门海域进行了分级，在剩余法的理念下建立了海域价值评估模型，估算了厦门海域价格，建立了级距的概念，得到了各种用海类型在不同区域、不同水深的海域价格，经过政策系数调整建立了厦门海域使用金征收标准，对于港池、锚地、桥梁用海，海域使用金征收标准为 0.3 ~ 3.45 元 / 平方米；养殖增值用海征收标准为 0.02 ~ 4 元 / 平方米；盐业用海征收标准为 10 ~ 27 元 / 亩；修船、造船用海征收标准为 0.4 ~ 2.4 元 / 平方米；采矿用海征收标准为 3.5 ~ 8.25 元 / 平方米；旅游娱乐用海征收标准为 0.75 ~ 1.75 元 / 平方米；海底工程用海征收标准为 0.2 ~ 0.45 元 / 平方米；排污用海征收标准为 0.6 ~ 2.1 元 / 平方米。

王印红等（2015）在分析我国渔业用海价格结构的基础上，以区位理论、地租理论和生态净值理论为依据，建立了渔业用海基准价定价模型，以青岛市的增、养殖用海为例，评估了各养殖区海域基准价格：鳌山产区为 83.002 5 元 / 亩，崂山产区为 63.207 5 元 / 亩，薛家岛产区为 81.06 元 / 亩，灵山产区为 86.425 元 / 亩。

赵梦（2014）详细研究了当前主要的旅游娱乐用海评估方法，以社会经济、自然环境等条件作为主要影响因子，建立了旅游用海的价格影响因素体系，以评估结果为基础提出了资源质量评价比较的估价方法。该研究以人工旅游岛——海花岛为研究对象，根据用海的实际情况采用市场比较法、假设开发法和资源质量评价比较法，得出海域价格分别为 6.54 万元 / 亩、6.78 万元 / 亩和 6.71 万元 / 亩，并分析了市场比较法在此案例研究中存在的问题。

冯友建等（2013），尹蔚珊（2014），席薇薇等（2014），陈帅（2014），王静（2013）借鉴一般资产评估的基本理论和自然资源禀赋评价体系，在对区片进行质量评价、级别划分的基础上，系统地评估了象山县旅游、港口、工业与城镇建设用海、农渔业用海等用海类型的海域基准价，并分别编制了海域基准价修正体系，是目前国内较为系统完善的海域基准价研究实例。在对旅游用海基准价的研究中，采用了收益还原法和假设开发法对样点海域价值进行测算，并拟合了样点价格 – 定级分值的模型。对于旅游用海中的浴场用海，其 25 年期级别基准价分别为 58 125 元 / 公顷、49 125 元 / 公顷和 41 850 元 / 公顷；游乐设施用海级别基准价分别为 197 850 元 / 公顷、161 100 元 / 公顷和 138 525 元 / 公顷。在对工业与城镇建设用海基准价的研究中，运用假设开发法评估了样点海域价值，在对区片进行质量评价的基础上划分为 3 级，其中商住等城镇建设用海基准价格分别为 255 万元 / 公顷，127.5 万元 / 公顷和 75 万元 / 公顷；工业建设用海基准价格分别为 87 万元 / 公顷，81 万元 / 公顷和 60 万元 / 公顷。在对农渔业用海基准价的研究中，根据收益的有无分别采取收益还原法和成本法进行农渔业用海样点价格的测算，根据使用年期设定了不同的还原利率，1 年期使用权基准价格分别为 795 元 / 公顷、750 元 / 公顷和 675 元 / 公顷；15 年期使用权基准价格分别为 11 625 元 / 公顷、10 800 元 / 公顷和 9675 元 / 公顷。在对港口用海基准价的研究中，采用收益还原法对样点价格进行评估，最高年期使用权基准价格分别为 192 750 元 / 公顷、180 975 元 / 公顷和 149 325 元 / 公顷。

于沛利等（2016a，2016b）回顾了我国海域基准价格评估制度的实践历程和学术界的研究现状，提出了目前我国海域基准价格评估存在"缺乏立体评估和动态演变等，难以指导海域资源实现最佳配置"等局限性，提出了引入海域动态基准价格、立体评价等展望。作者认为，"海域基准价格是反映特定使用开发类型的各级别海域或均质海域，在使用者正常经营条件下的海域使用权价位的标准指导价格；海域动态基准价格则是指海域基准价格随着时间推移而不断动态变化的状态"。运用随机型时间序列预测理论预测海域未来净收益和还原利率，通过数学的定量化计算建立了动态收益现值法计量模型，相对于以相对静态化评估为主的收益现值法，提供了一种更为科学合理的评估思路。

有学者（沈佳纹，2017；沈佳纹等，2018）认为，对海域基准价格进行研究，可以科学地确定海域使用权的价格，为海域资源市场化配置提供科学支撑。其研究根据资源经济学的原理和土地估价方法，建立了海域定级和海域基准价格评估方法，并评估了厦门市货运港口用海、客运港口用海、游乐场用海和游艇泊位用海的海域基准价格。

孔昊等（2022）构建了适应当前海域资源市场化管理特点的基准价评估方法体系，并根据建立的方法体系，对连江县适宜开展开放式养殖的海域进行基准价评估。将连江县底播养殖用海划分为二级，将筏式养殖用海、网箱养殖用海划分为四级；在综合考虑海域理论价值及海域管理实际需求这两个方面的因素后，评估出三种开放式养殖用海各级别海域的基准价格；最后从海域自然条件、政策因素、交通及基础设施、养殖条件、开发程度等方面构建了海域基准价修正体系。

三、海域价格评估理论基础

（一）自然资源价值论

自然资源作为一种客观存在，不仅为人类提供直接的生活资料、生产资料，还为人类提供赖以生存的环境空间，因此自然资源是有价值的。早期学术界对自然资源价值的理论基础探讨，实际上都是针对自然资源经济价值或者市场价值的讨论。一种观点认为自然资源有经济价值，另一种观点则认为自然资源没有经济价值。但是自 20 世纪 80 年代中期以来，随着经济的发展及人口的增加，人类对自然资源的消耗持续增长，资源空心化现象日益严重，已经成为阻碍经济发展的瓶颈因素，也威胁到人类的生存与发展。这种严峻的形势引起了人们的高度重视，如何协调经济增长与自然资源消耗的关系、如何利用市场实现自然资源的合理配置，以及自然资源的耗损如何得到补偿等问题引起世界各国的重视，并逐步开展了自然资源价值的理论研究和价值评估方法的探索及评估实施（罗丽艳，2003）。

自然资源的价值，是"自然资源价值"这个客观事物在人们思想认识上的反映所形成的理性认识，是人们在对"自然资源价值"的认识—实践—再认识—再实践过程中形成的思想意识。自然资源具有垄断性、有限性和不可或缺性等特征。自然资源的特殊性决定了自然资源的价值包括使用价值和补偿价值两个方面。自然资源的使用价值主要表现在自然资源可以满足社会发展的需要，即通过开发和使用产生一定的经济效益，从而满足人类需求的有用性的价值特征;自然资源的补偿价值是指人类在利用自然资源的过程中,易造成环境污染、生态破坏等不利影响,因此要对所消耗的自然资源进行恢复和弥补,这部分补偿费用的支出表现为补偿价值(苗丰民等,2007)。

海域是一种特殊的、完全归国家所有的自然资源,与土地资源一样,也是具有价值的。海域即使没有经过人类加工和开发利用,其本身也具有经济价值,是可度量并以货币形式进行表征的。海域作为一种重要的空间资源,是承载各类海洋经济开发活动的基础,能够作为生产要素参与到生产活动中。另外,对于海域的各种开发利用活动,不可避免地会对海洋资源和生态环境造成破坏,对此必须给予足够的经济补偿。

(二)地租理论

地租理论是现代地价评估的重要理论依据之一。地租最初是指利用土地所需支付的金额。古典经济学家的研究奠定了地租理论的基础。威廉·配第、亚当·斯密、安德森·詹姆斯、大卫·李嘉图等古典经济学家均对地租理论的形成做出了重要贡献。马克思批判地继承了古典经济学地租理论,在级差地租研究的基础上,又提出了绝对地租理论。他指出,"不论地租有什么独特的形式,它的一切类型有一个共同点:地租的占有是土地所有权借以实现的经济形式""一切地租都是剩余价值,是剩余劳动的产物""是超过利润的余额"。

马克思将地租分为级差地租、绝对地租和垄断地租三种形态。他认为:级差地租是地租的主要形态,是由未来经营较优土地所获得的超额利润,可分为两种形式:级差地租Ⅰ和级差地租Ⅱ。级差地租Ⅰ的产生一方面是由于土地肥沃程度不同,当以等量投资用于不同肥力、相同面积的土地时,会有不同的生产率和产量,因而收益也不同;另一方面是由于土地位置不同,距离市场远近不同,运费不同,实际收益也不同。级差地租Ⅱ的形成是由于土地使用者追加投资所取得的超额收益,是各次投资的生产率不同而产生的超额利润转化的地租。绝对地租是指土地所有者凭借土地所有权所取得的地租,是指在市场经济条件下,土地使用者无论向土地所有者租用何种土地，哪怕是质量最差的土地，都要缴纳一定数额的地租。马克思认为，绝对地租是由于农业生产的资本有机构成低于社会平均资本有机构成，由于产品的生产价格由产品所包含的资本量加平均利润构成，而农产品的市场价格以价值为基础就会比产品的生产价格高，于是农产品的市场价格与生产价格的差额就形成了绝对地租。垄断地租是由产品的垄断价格带来的超额利润转化而成的。它的形成除了土地所有权的垄断，还因为某些土地具有特殊的区位、环境优势，能生产某些特别名贵、稀缺的产品。这些产品可以按照超过生产价格而且超过其价值的垄断价格出售，并产生一个相当大的超额利润。这部分超额利润就是垄断地租的来源（于青松等，2006；苗丰民等，2007）。

海域作为一种空间资源，跟土地同样具备位置的固定性、数量的有限性等特点。地租理论同样适用于海域价格评估。绝对地租（海租）是海域所有者凭借海域所有权的垄断所取得的收益，海域所有者让渡海域使用权时，必然由取得海域使用权的一方给予其相应的使用租金，这是海域价格存在的根源。级差地租（海租）一方面是因为海域所处区位条件的不同而产生不同水平的价格差异，另一方面是因为连续对海域进行投入所引起的价格不同，是决定海域价格高低的最主要因素。垄断地租（海租）的形成除海域所有权产生的垄断外，还会因海域所具有的特殊自然条件如沙滩、生物多样性、良好水质等，使得海域具有更高价格。

（三）区位理论

区位是自然地理区位、经济地理区位和交通地理区位的综合表现。区位理论是研究经济行为的空间选择及空间内经济活动的组合理论。西方区位理论是在古典政治经济学的地租学说、比较成本学说基础上吸收其他学科的理论成果而发展起来的，它产生于 19 世纪初，在 20 世纪得到极大发展。正如蒂斯所说，"区位理论是区域科学的基础，是解决非空间经济问题的有力工具"。自 20 世纪 60 年代以来，以艾萨德的《区位与空间经济》和贝克曼编辑的《区位理论》的发表为标志，以新古典区位论为代表的现代区位理论随之形成，进入高速发展的时期，并扩展到区域科学和经济学的各个领域（陈文福，2004）。按照各个区位理论提出的先后顺序，依次为农业区位论、工业区位论和中心地理论。

农业区位论指以城市为中心、由内向外呈同心圆状分布的农业地带，因其与中心城市的距离不同而引起生产基础和利润收入的地区差异。德国经济学家冯·杜能于 1826 年出版的《立国对农业及国民经济之关系》中提出了农业区位的理论模式，即在中心城市周围，在自然、交通、技术条件相同的情况下，不同地方对中心城市距离远近所带来的运费差，决定不同地方农产品纯收益的多少。纯收益成为市场距离的函数。按这种方式，形成以城市为中心、由内向外呈同心圆状的 6 个农业地带：第一圈称自由农业地带，生产易腐的蔬菜及鲜奶等食品；第二圈为林业带，为城市提供烧柴及木料；第三至第五圈都是以生产谷物为主，但集约化程度逐渐降低的农耕带；第六圈为粗放畜牧业带；最外侧为未耕的荒野，由于距离市场太远，作狩猎用（金相郁，2004）。

工业区位论是关于工业企业合理选址的理论。阿尔弗雷德·韦伯的代表作《工业区位理论——论工业区位》（1909 年）、《工业区位理论：区位的一般及资本主义的理论》（1914 年）全面而系统地论述了工业区位论的具体内容。韦伯的基本理论方法是"区位因素分析"，将工业区位因素分为三大类：一般区位因子与特殊区位因子；地方区位因子与聚集、分散因子；自然技术因子与社会文化因子。通过对运输费用、劳动力成本和聚集效益及其相互关系的分析、计算，选择生产某种工业产品生产成本最低、获利最大的地点作为其理论区位。韦伯认为最低成本就是企业区位选择的基本因素。只有经济因素影响工业区位，经济因素主要是成本因素。成本因素有很多项，他认为真正起作用的只有两项：运输成本和劳动成本，严格来讲，还包括聚集（韦伯，1997）。

中心地理论是由德国城市地理学家克里斯塔勒于 1933 年提出的。他在博士论文《南部德国的中心地》（1933 年）中对该理论进行详细阐述。他认为，集聚是事物发展的根本趋势之一，区域集聚的结果是中心地的出现。所谓中心地，是一定地域社会的中心，通常是一个城镇。这个城镇通过提供商品或服务控制这个区域。中心地可按重要性的不同，划为不同等级。高级中心地提供大量的、高级的商品和服务，而低级的中心地则只能提供少量的、低级的商品和服务。补充区就是中心商品的消费区和中心服务的接受区。高级中心地与大补充区相对应，低级中心地与小补充区相对应。按照市场原则、交通原则、管理原则，不同等级的中心地按一定的数量关系和功能控制关系构成一个等级数量体系，在空间分布上具有特定的构型（葛本中，1989）。

海域价格也受区位条件的影响。毗邻地区经济发展水平、交通条件、自然环境条件、资源稀缺性等因素均会影响海域的价格。一般来说，海域毗邻地区的经济发展水平越高，则用海需求就会越高，海域利用的收益越高，海域的价值也会越高；毗邻地区的交通条件及周围海上交通条件越好，海域与外界的交通通达性越好，对海域资源进行利用则会越便利，价值也会越高。总体来说，区位条件好的海域，其等级和价值无疑越大。

（四）供求理论

供求理论是市场经济最基本、最重要的理论基础，供给与需求是市场经济运行的主要动力，决定了每种商品的销量及出售价格。任何一种商品或产品都有其固有的市场供给与需求曲线，两条曲线的交点处便是供需平衡点，具有特定的数量与价格。

西方经济学把"需求"摆在首位。该理论认为，决定需求的因素主要有五个：市场价格、平均收入水平、市场规模、替代品的情况、消费者的选择偏好。一般假定除价格外的其他因素在一定时期和地方是相对稳定不变的，所以需求被简化成商品数量与价格的函数关系，即需求量随价格的变动而变动。需求曲线会向右下方倾斜，这是由边际效用递减决定的。最先购买的一单位商品效用大，所以消费者愿意出较高的价格。以后每增加一单位，其边际效用是递减的，当数量很大时其边际效用非常小，消费者只愿意用非常低的价格购买。决定供给的因素主要有四种，分别是市场价格、生产成本、生产要素的价格、其他商品价格的变化。与需求类似，一般假设其他因素相对不变，只有市场价格随供给变动，所以供给也可以被简化成商品数量与价格的函数关系。正常商品价格与供给量正比变化，价格越高供给量越大，价格越低供给量越少。将供给关系体现在坐标图上可得到供给曲线（图 1–1）。由于供给量与市场价格成正比，所以供给曲线是一条从左下方向右上方倾斜的曲线。个别生产者的生产行为在可投入资本量的约束下，按利润总量最大化原则决定投资规模。由于受制于边际收益递减规律，生产者选择在边际收益等于边际成本点时停止生产。这就是所谓的"生产者均衡"（范里安，2015）。

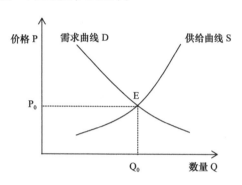

图 1–1　需求曲线和供给曲线

　　与一般商品一样，海域使用权价格受到海域市场供求关系的影响。海域的供给可分为自然供给和经济供给两类。海域的自然供给是指自然界中所存在的海域，其数量是固定的，无供给弹性。海域的经济供给是针对各种具体用海类型而言，每一用海区域都可以有不同的用海活动类型，因此海域的经济供给是动态的，有弹性的。海域的需求是指人们出于经济效益和社会发展等目的，进行各类用海活动，从而产生的对海域进行开发使用的需求。从长远看，随着海洋强国建设的不断推进，沿海各地区对海域的开发需求肯定会不断提升，这也就决定海域价格肯定会呈上升趋势。

（五）生产要素分配理论

　　生产要素是生产过程中进行物质资料生产所必须具备的基本资源和条件。生产要素分配理论主要研究生产要素的价格问题。价值是由各种生产要素创造出来的，生产要素创造的价值，就形成了它们各自所有者收入的源泉和分配的份额。在曼昆（1999）的《经济学基础》一书中，将生产要素分为劳动量、物质资本、人力资本、自然资源和技术知识。劳动量是指劳动力数量；物质资本指用于生产物品与劳务的设备和建筑物存量；人力资本指工人通过教育、培训和经验而获得的知识与技能；自然资源是指自然界提供的生产投入；技术知识是指生产物品与劳务的最好办法。经济学家经常用生产函数来描述生产的投入量和生产的产出量之间的关系。例如，假设 Y 代表产量，A 代表技术进步，L 代表劳动量，K 代表物质资本量，H 代表人力资本量，而 N 代表自然资源，则该生产函数就可以表示为：$Y = AF（L，K，H，N）$（曼昆，2003）。

按生产要素分配，实际上就是社会根据各生产要素在商品和劳务生产过程中投入的比例及贡献大小给予相应的报酬，也就是说，按照投入生产经营活动的各种要素贡献大小进行收益分配。海域资源也是一种自然资源，是进行海洋产业开发的基础，是最为主要的生产要素。投入不同的用海类型、用海方式，海域在海洋产业中发挥的作用也不尽相同。对应上文的生产函数，在涉海产品的价值形成过程中，海域资源直接参与了生产过程或者价值创造过程。利用生产函数，可以测算海域在整个价值创造过程中的投入比例和贡献，并以此计算得到海域的纯收益。而这部分纯收益，就是海域所有者凭借对海域的所有权可以从海域经营的总产品中取得的一部分收益。

第二章　我国海域权属管理
及有偿使用制度

一、我国海域权属管理制度沿革

（一）1949 年之前的海域权属管理

在历史上，由于海洋技术和设备不发达，我国对海洋的利用无论是在深度上还是在广度上都十分有限。尽管在我国汉代出现过海上丝绸之路，在唐代出现过潮汐推磨的小作坊，在宋朝海外贸易曾一度繁荣，在明朝郑和的船队曾七下西洋，但这些仅是历史上少有的深入利用海洋的事例，人们对海洋的利用基本局限于海水晒盐、近海捕捞及航行等，"鱼盐之利，舟楫之便"是对我国早期用海情况的形象写照。

近代，在西方列强纷纷开辟新航道，疯狂抢占殖民地、大肆进行海外掠夺而发展资本主义之际，清政府却盲目地实行闭关锁国的政策，国力日渐衰落，以至于被动挨打，沦落为半殖民地半封建国家。忽视对海洋的利用是近代中国落后的重要原因之一。

民国时期，海洋对世界各国的战略重要性已经凸显。但此时我国正处于内忧外患、战乱丛生的历史时期，本来就不够发达的渔业和航海业又因此而遭受极大的破坏，以至于"沿海渔业，因外人侵渔，海匪猖獗，衰落殆尽""航业久形落后，兼受历年军事影响，致外轮霸占航运，浸成喧宾夺主之相"。国民政府为了保护水产资源，加强对渔业的管理，促进渔业发展，改善渔民生活，于 1929 年颁布了《渔业法》和《渔会法》，并建立了海洋渔业管理机构（谢振民，2000）。这些措施，客观上对当时的渔业管理和渔业发展起到了一定的促进作用，但未从根本上改变海洋产业的落后局面。

（二）1949 年之后的海域权属管理

（1）海洋行政管理体制的沿革

中华人民共和国成立后，尤其是近 20 年来，我国十分重视对海洋的开发与利用，海洋事业有了突飞猛进的发展，海洋管理体制逐步完善，海洋管理机构的变革也随着对海洋开发程度的不断加深、对海洋科学认识的不断深化、对我国国情的不断理解而展开。中华人民共和国成立以来，我国海洋行政管理机构的变革，大致可以分为 1964 年国家海洋局成立、1998 年国家海洋局机构改革、2013 年国家海洋局重组、2018 年国家海洋局并入自然资源部 4 个阶段。

1）国家海洋局成立

1963 年 5 月，由国家科委海洋专业组组长袁也烈牵头组织 29 名专家，对我国当时的海洋发展问题进行了讨论研究，指出存在的 4 个重要问题：海上安全、海洋水产资源利用低效、对海底矿产资源分布了解甚少、海洋权益维护较弱，并建议成立国家海洋局。1964 年 2 月，国务院成立了国家海洋局，统一管理国家的海洋工作。1965 年 3 月，国务院又批准国家海洋局在青岛、宁波、广州设立北海分局、东海分局和南海分局。国家海洋局是国务院海洋行政管理部门，行政级别为副部级，具体行使的职能包括海域使用审批、海洋功能区划编制、海洋环境保护、海岛保护和海洋科考等。国家海洋局的成立，标志着我国海洋管理体系的初步形成。

2）1998 年国家海洋局机构改革

1998 年，国务院开展了一轮幅度较大的机构调整和改革，此次机构调整和改革的主要目的是合并机构、精简人员、压缩部委数量。在这一目标的指引下，当时的国家海洋局整合为隶属国土资源部的国家局，其主要职能包括海洋立法、海洋管理和海洋规划三大方面。1998 年国家海洋局的机构改革也进一步体现了我国当时"综合管理"的海洋管理模式。

3）2013 年国家海洋局重组

20 世纪 80 年代后，随着改革开放的不断发展，我国海洋管理体制经历了"从无到有"的过程后，逐步建立起来的海洋管理职能呈现严重的碎片化状态。当时，我国拥有海上行政执法权力的部门包括海监、海事、海关、渔政和公安边防等，各涉海部门"各自为政"，缺乏统一管理，职权上有很多重复的领域，导致"多头管理"现象严重，给海域的使用造成不便，这一局面当时被戏称为"五龙闹海"。

在此背景下，2013 年，根据党的十八大和十八届二中全会精神，为了转变职能和理顺职责关系，完善制度机制和提高行政效能，国家对国务院进行了机构改革，其中就包括国家海洋局的重新组建。这次重组的目的是推进海上统一执法，提高执法效能，将海监、渔政、边防海警、海上缉私队等多支海上执法队伍进行整合，强化了海上维权执法的职能。重新组建的国家海洋局，仍由国土资源部管理。

4）2018 年国家海洋局并入自然资源部

随着党的十九大明确提出坚持陆海统筹，加快建设海洋强国，当时海洋管理体制中存在的海陆分割管理、职责分工不明确、管理效率低等弊端也逐渐受到关注。在此背景下，2018 年中共中央印发的《深化党和国家机构改革方案》，推动了我国海洋管理体制的又一次大改革。2018年国家对中央层面的海洋行政管理机构做出改革，组建自然资源部，不再保留国家海洋局，由自然资源部承担原国家海洋局的大部分职责，但对外依然保留国家海洋局的牌子；组建生态环境部，承担原国家海洋局的海洋环境保护职责；组建中国人民武装警察部队海警总队（对外称中国海警局），统一领导指挥各海警队伍，接管原国家海洋局海上执法职能。我国沿海各省市的海域管理机构名称，也从"海洋与渔业厅/局""国土海洋资源厅/局""海洋行政管理厅/局"等统一改名为"自然资源厅/局"。新组建的自然资源部在海洋管理方面，主要负责海洋经济与战略规划以及自然资源管理等职能。

从此，自然资源部作为国务院的一个组成部门，接管了原国家海洋局的角色，成为新的国家海洋行政主管部门，并一直持续至今。2018 年的海洋管理机构改革也标志着我国海洋管理模式从"综合管理"向"综散结合"的思路转变，我国海洋管理体制也进入了一个新的阶段。

（2）海域使用法律制度体系构建

自 20 世纪 80 年代以后，我国颁布施行了一系列有关海洋管理与海域使用制度的法律法规，形成了较为完整的法律制度体系。这些法律主要是：1982 年颁布的《中华人民共和国海洋环境保护法》、1983 年颁布的《中华人民共和国海上交通安全法》、1986 年颁布的《中华人民共和国矿产资源法》、1986 年颁布的《中华人民共和国渔业法》和 2001 年通过、2002 年施行的《中华人民共和国海域使用管理法》等。另外，国务院和其有关部委、各地方人民政府还颁布了不少行政法规、部门规章、地方法规作为贯彻实施上述法律的配套规定。其中，《中华人民共和国海域使用管理法》是专门规范海域使用管理的法律，其他一些涉海法律法规，虽侧重点不同，但对于规范海域的使用与管理也具有重要的作用。

我国的海域使用管理制度建设起步较晚。1993 年，为了加强国家海域的综合管理，保证海域的合理利用和可持续开发，提高海域使用的社会、经济和生态环境的整体效益，国务院授权财政部和国家海洋局颁布并施行了《国家海域使用管理暂行规定》（已废止）。该暂行规定中，明确了海域属于国家所有，并确立了海域使用证制度和有偿使用制度两项基本制度。它的颁布实施，增强了沿海各级政府、企事业单位和人民群众"管好用好海洋"的意识，在完善海域开发利用秩序、合理利用海洋资源、改善外商投资环境、维护国家利益和保护用海者的合法权益等方面，发挥了重要作用并取得了显著成效。但由于该暂行规定仅仅是部门规章，在法律体系中的位阶较低，加之行业利益和地方利益因素的影响，该暂行规定在实施过程中遇到了一些障碍，出现了不少问题。鉴于这种情况和对建立健全海域使用管理法律制度重要性的认识，有必要将该暂行规定中确立的重要制度和有关规定升格为法律。因此，第九届全国人民代表大会常务委员委会第二十四次会议于 2001 年 10 月 27 日通过了《中华人民共和国海域使用管理法》（简称《海域使用管理法》，自 2002 年 1 月 1 日起施行）。该法分为总则、海洋功能区划、海域使用的申请与审批、海域使用权、海域使用金、监督检查、法律责任、附则八章，共计 54 条。《海域使用管理法》是关于海域使用制度的基本法律，该法的颁布施行，是国家在海域使用管理方面的重大举措，是我国确立海域使用管理法律制度的明确标志，对我国海洋事业的发展具有深远的意义（卞耀武等，2002）。

二、我国海域使用权属管理制度

我国海域使用权属管理主要是以海域使用权在不同的权利主体之间的流动为主要规范对象。海域使用权属管理制度包括自然资源行政主管部门对海域使用权进行管理的全过程，具体包括海域使用权的获得、转移、变更、消灭等内容。

（一）海域使用权获得

按照获取方式的不同，海域使用权获得包括从一级市场获得（申请审批、招标、拍卖、挂牌）和从二级市场获得（转让、继承等），具体如图2–1所示。

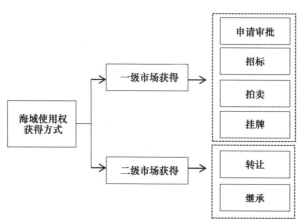

图2–1 海域使用权获得方式

《海域使用管理法》第三章"海域使用的申请与审批"规定了海域使用权以行政许可方式获得的条件、程序。2002年4月，国家海洋局发布的《海域使用申请审批暂行办法》又对其做了具体规定。根据这些规定和当时的实践，经过用海单位或个人向县级以上人民政府提出书面申请，经海洋行政主管部门依海洋功能区划和海域使用规划对申请材料进行审核，然后报有相应批准权的人民政府批准并登记后，用海单位或个人方能获得海域使用权的行政许可，这是早期我国海域使用权获得的主要方式。目前，我国用海项目需要获得海域使用权，海域使用权以行政管理机构颁发的不动产权证书（海）为标志。

根据《海域使用管理法》第十六条第二款和其他有关规定，申请人向主管机关申请使用海域的，应当提交下列书面材料：①海域使用申请书。内容包括海域使用申请者名称、法定代表人、联系人、用海项目名称、申请用海起止时间、申请使用海域面积、位置及顶点坐标、界址图、申请海域用途及作业方式，与周围海洋产业的关系及协调处理情况等。②海域使用论证材料。海域使用论证是通过对申请使用海域的区位条件、资源状况、区域生产力布局、用海历史沿革、海域功能、海域整体效益及灾害防治、国防安全等方面的调查、分析、比较和论证，提出该项用海是否可行的明确结论，为海域使用审批提供科学依据。对改变海域属性、影响生态环境和其他开发活动的用海项目，海域使用申请者应当委托具有海域使用论证资质的单位完成海域使用论证工作。论证单位应当按照要求拟定海域使用论证报告编写大纲，经海洋行政主管部门审查认可后，编写海域使用论证报告；对海洋资源、生态环境以及相关产业影响较小的用海项目，经海洋行政主管部门同意，可以简化论证手续，填报海域使用论证报告表。③相关的资信证明材料。包括用海单位或者个人的合法身份证明、法定代表人身份证明、注册资金证明等。对于沿海村民或者渔民个人从事海水养殖的，可以简化手续，申请人只需提供身份证件和当地乡镇政府的有关文件。④法律、法规规定的其他书面材料。

《海域使用管理法》第二十条规定，海域使用权除依法经申请、审批的方式取得外，也可以通过招标或拍卖的方式取得。随着国家资源管理体制改革的加快，海域资源的市场化配置程度不断提高。2013年《国家海洋事业发展"十二五"规划》要求"开展海域价值评估，推进实施海域使用权招标、拍卖和挂牌出让工作"；之后又在《2014年海域综合管理工作要点》《全国海洋经济发展"十三五"规划》《海域、无居民海岛有偿使用的意见》等一系列政策文件中多次明确"全面推行海域使用权招拍挂出让，完善市场化配置方式"。在地方层面，浙江、河北、福建、海南和山东等省陆续颁布招标、拍卖、挂牌出让海域使用权管理办法，以规范海域使用权招拍挂行为。由此看出，海域市场化配置已成为海域使用权出让的主要方式。

招标、拍卖、挂牌方案由海洋行政主管部门制订，报有批准权的人民政府批准后组织实施。海洋行政主管部门制订招标、拍卖、挂牌方案，应当征求同级有关部门的意见。招标、拍卖、挂牌工作完成后，依法向中标人或者买受人颁发海域使用权证书［不动产权证书（海）］。中标人或者买受人自领取海域使用权证书［不动产权证书（海）］之日起，取得海域使用权。

（二）海域使用权移转

海域使用权属于用益物权，其移转也应当适用物权移转的一般规则。而所谓物权的移转，是指已经存在的物权在民事主体之间的流转，即一物上之物权从一个权利人手中转移至另一个权利人手中。

《海域使用管理法》第二十七条规定了下列三种海域使用权移转的情形及其程序要求：一是因企业合并、分立或者与他人合资、合作经营，变更海域使用权人的，需经原批准用海的人民政府批准；二是海域使用权可以依法转让，具体办法由国务院规定；三是海域使用权可以依法继承。

（三）海域使用权变更

物权的变更，有广狭二义。广义的变更，包括主体、客体与内容等要素中的一项或数项的变更。而狭义的变更，仅指客体与内容的变更。鉴于主体的变更通常涉及物权的取得与丧失，因此，物权法上所讲的物权变更，一般不包括主体的变更，而仅指客体与内容的变更。在《海域使用管理法》中，针对海域使用权的变更主要包括海域使用权用途的变更和海域使用权期限的变更，具体如下：

关于海域使用权用途的变更。根据《海域使用管理法》第二十八条，海域使用权人不得擅自改变经批准的海域用途；确需改变的，应当在符合海洋功能区划的前提下，报原批准用海的人民政府批准。

关于海域使用权期限的变更。《海域使用管理法》第二十六条规定，海域使用权期限届满，海域使用权人需要继续使用海域的，应当至迟于期限届满前二个月向原批准用海的人民政府申请续期。除根据公共利益或者国家安全需要收回海域使用权的外，原批准用海的人民政府应当批准续期。准予续期的，海域使用权人应当依法缴纳续期的海域使用金。

（四）海域使用权消灭

海域使用权消灭，是指海域使用权与其主体相分离而失去存在。根据《海域使用管理法》，导致海域使用权消灭的原因主要有三种，分别是海域使用权期满、海域使用权被依法收回以及海域灭失。

海域使用权期满。根据《海域使用管理法》第二十九条规定，海域使用权期满，未申请续期或者申请续期未获批准的，海域使用权终止。海域使用权终止后，原海域使用权人应当拆除可能造成海洋环境污染或者影响其他用海项目的用海设施和构筑物。而海域使用权最高期限在《海域使用管理法》中亦有明确规定，即养殖用海 15 年，拆船用海 20 年，旅游、娱乐用海 25 年，盐业、矿业用海 30 年，公益事业用海 40 年，港口、修造船厂等建设工程用海 50 年。

海域使用权被依法收回。根据《海域使用管理法》第三十条规定，因公共利益或者国家安全的需要，原批准用海的人民政府可以依法收回海域使用权。依照前款规定在海域使用权期满前提前收回海域使用权的，对海域使用权人应当给予相应的补偿。除了公共利益的需求，《海域使用管理法》第四十六条和第四十八条规定了另外两种海域使用权被依法收回的情况。《海域使用管理法》第四十六条规定，违反本法第二十八条规定，擅自改变海域用途的，责令限期改正，没收违法所得，并处非法改变海域用途的期间内该海域面积应缴纳的海域使用金五倍以上十五倍以下的罚款；对拒不改正的，由颁发海域使用权证书的人民政府注销海域使用权证书，收回海域使用权。第四十八条规定，违反本法规定，按年度逐年缴纳海域使用金的海域使用权人不按期缴纳海域使用金的，限期缴纳；在限期内仍拒不缴纳的，由颁发海域使用权证书的人民政府注销海域使用权证书，收回海域使用权。

海域灭失。海域灭失主要针对填海造地工程用海导致海域消失的情况。《海域使用管理法》第三十二条规定，填海项目竣工后形成的土地，属于国家所有；海域使用权人应当自填海项目竣工之日起三个月内，凭海域使用权证书，向县级以上人民政府土地行政主管部门提出土地登记申请，由县级以上人民政府登记造册，换发国有土地使用权证书，确认土地使用权。

（五）海域使用分类体系

海域使用分类指按照一定的原则，划分海域使用类型并界定其用海方式，适用于海域使用权取得、登记、发证、海域使用金征缴、海域使用执法监察等海域行政管理过程；以及海籍调查、海域使用论证、海域价格评估、海域管理信息系统建设等涉海咨询服务工作中对海域使用类型和用海方式的界定。《海域使用分类》（HY/T 123—2009）规定了用海类型和用海方式，共同构成海域使用分类体系。用海类型体系主要应用于海域使用权登记、海域使用统计等用海分类管理工作中。根据海域用途的差异和海洋产业发展的现状，海域使用类型采用两级分类体系，分为渔业用海、工业用海、交通运输用海、旅游娱乐用海、海底工程用海、排污倾倒用海、造地工程用海、特殊用海与其他用海9个一级类，另外在9个一级类基础上继续细化成31个二级类（见表2–1）。考虑到不同用海方式对海域环境的影响，用海方式共分为填海造地、构筑物、围海、开放式、其他方式5个一级类，另外在5个一级类基础上继续细化成21个二级类（见表2–2）。

海域使用分类体系反映了海域使用的主要类型特征，除主要依据海域用途外，还充分考虑了与国土空间规划、海洋及相关产业等分类相协调的问题，与海洋国土空间规划以及海域使用金征收等标准的分类体系协调一致。海域使用金标准是按照用海方式进行征收；"财政部 国家海洋局印发《关于调整海域无居民海岛使用金征收标准》的通知"（财综〔2018〕15号）针对25种用海方式制定了使用金标准。国土空间规划按照最新的《国土空间调查、规划、用途管制用地用海分类指南（试行）》进行海域功能分区，包括渔业用海、工矿通信用海、交通运输用海、游憩用海、特殊用海和其他用海6个一级类；尽管名称上略有差异，但是总体上是按照用海类型进行区分。

表 2-1　海域使用类型和编码

一级类		二级类	
编码	名称	编码	名称
1	渔业用海	11	渔业基础设施用海
		12	围海养殖用海
		13	开放式养殖用海
		14	人工鱼礁用海
2	工业用海	21	盐业用海
		22	固体矿产开采用海
		23	油气开采用海
		24	船舶工业用海
		25	电力工业用海
		26	海水综合利用用海
		27	其他工业用海
3	交通运输用海	31	港口用海
		32	航道用海
		33	锚地用海
		34	路桥用海
4	旅游娱乐用海	41	旅游基础设施用海
		42	浴场用海
		43	游乐场用海
5	海底工程用海	51	电缆管道用海
		52	海底隧道用海
		53	海底场馆用海
6	排污倾倒用海	61	污水达标排放用海
		62	倾倒区用海
7	造地工程用海	71	城镇建设填海造地用海
		72	农业填海造地用海
		73	废弃物处置填海造地用海
8	特殊用海	81	科研教学用海
		82	军事用海
		83	海洋保护区用海
		84	海岸防护工程用海
9	其他用海	91	其他用海

来源:《海域使用分类》(HY/T 123—2009)。

28

表 2–2　用海方式名称和编码

一级方式		二级方式	
编码	名称	编码	名称
1	填海造地	11	建设填海造地
		12	农业填海造地
		13	废弃物处置填海造地
2	构筑物	21	非透水构筑物
		22	跨海桥梁、海底隧道
		23	透水构筑物
3	围海	31	港池、蓄水
		32	盐田
		33	围海养殖
4	开放式	41	开放式养殖
		42	浴场
		43	游乐场
		44	专用航道、锚地及其他开放式
5	其他方式	51	人工岛式油气开采
		52	平台式油气开采
		53	海底电缆管道
		54	海砂等矿产开采
		55	取、排水口
		56	污水达标排放
		57	倾倒
		58	防护林种植

来源:《海域使用分类》（HY/T 123—2009）。

（六）海域使用权与土地使用权的衔接

海域使用权与土地使用权的衔接主要发生在填海造地工程导致海域消失，而对新形成的土地换发土地使用权证的情况。

《海域使用管理法》第十五条规定:"沿海土地利用总体规划、城市规划、港口规划涉及海域使用的，应当与海洋功能区划相衔接。"考虑到所有用海建设项目都必须符合海洋功能区划的要求，这其实原则性规定了项目用海目的要与沿海土地利用总体规划、城市规划的要求相符合，避免填海后的开发与土地相关规划不衔接。另外，《海域使用管理办法》第十六条规定申请使用海域应当提交海域使用论证材料等书面材料，而在海域使用论证报告书的编写、评审环节中，该项目用海与城市总体规划等相关规划的符合性问题是重点论证事项。如此可以通过海域使用论证制度进一步规范单个项目用海与土地利用规划的符合性问题。

《海域使用管理法》第三十二条规定"海域使用权人应当自填海项目竣工之日起三个月内……换发国有土地使用权证书"。这一条款原则性规定了填海造地海域使用权证书换发国有土地使用证的程序问题。但海域使用权转化为土地使用权后实体权利如何衔接，在《海域使用管理法》以及国家其他规定中并未直接体现。

在沿海各省的地方实践中，针对海域使用权与土地使用权的衔接制定有具体的实施制度。此处以福建省的制度为例进行介绍，相关制度覆盖了用海类型与土地利用规划的符合性衔接、填海造地海域使用权证书换发国有土地使用证的程序、填海造地海域使用权证书换发国有土地使用证的实体权利衔接等三个方面（孔昊等，2019）。

（1）用海类型与土地利用规划的符合性衔接

《福建省海域使用管理条例》（2016年第三次修正版）第十三条规定"沿海县级以上人民政府海洋行政主管部门审核海域使用申请，应书面征求同级环保、国土资源、水利、交通、海事等有关部门的意见。省、设区的市人民政府海洋行政主管部门对其直接受理的海域使用申请进行审核时，应征求相关的下一级人民政府的意见。前款规定的有关部门和相关的下级人民政府应当在五日内以书面形式反馈意见"。另外，第十条规定"围填海项目用海申请，应提交海域使用论证报告书"，即通过海域使用论证制度规范单个项目用海与土地利用规划的符合性问题。

福建省人民政府办公厅关于印发《福建省填海项目海域使用权证书换发国有土地使用证实施办法》（试行）的通知（闽政办〔2010〕267号）（以下简称《换证办法》），总则中要求"城乡规划行政主管部门应提前介入，合理做好宗地所在区域城乡规划的编制工作，为项目建设创造条件"。第六条进一步明确了宗地在城乡规划确定建设用地范围内和用地范围外两种情形下的规划条件要求。

《福建省人民政府关于进一步深化海域使用管理改革的若干意见》（闽政〔2014〕59号）也对部门间的衔接做出明确规定。第三条规定"海域海岛使用权出让方案由县（市、区）海洋行政主管部门会同国土、城乡规划主管部门共同制订，并报有批准权的人民政府批准后实施。出让方案应当明确填海面积、填海形成土地的界址和用途、出让价款组成、规划条件、使用期限、海洋环境保护要求等内容（其中出让价款由海域使用金、填海成本和土地使用金等组成）"。

由上述若干规定可以看出，在实践中无法完全实现多规合一的情况下，福建省一方面通过要求城乡规划行政主管部门提前介入，由其出具"建设项目选址意见书"，并作为海洋行政主管部门审核海域使用申请的必须材料；另一方面，通过会同国土、城乡规划主管部门共同制订海域出让方案，明确填海形成土地的界址和用途，来保障围填海项目用海与土地利用规划的符合性。另外，福建省亦通过强调海域使用论证制度，来进一步保证单个项目用海与土地利用规划等相关规划的符合性问题。

（2）填海造地海域使用权证书换发土地证的程序

1）行政管理程序

《福建省海域使用管理条例》第二十九条明确了填海项目竣工三个月内换发国有土地使用证的要求。同时，为进一步明确换证流程，福建省又先后颁布了《换证办法》《福建省人民政府关于科学有序做好填海造地工作的若干意见》（闽政〔2010〕11号）（已废止）等文件，对换证主体、换证程序、需提交材料等进行细致规定。依法填海造地根据不同土地用途可换发《国有土地使用证》（国有农用地）、《国有土地使用证》（划拨类型）、《国有土地使用证》（出让类型）、《林权证》等；换证后，应当在原海域使用权证书备注栏上注明"已换发国有土地使用证"或"已换发林权证"的字样，并将海域使用权证书收回移交省级海洋行政主管部门，省级海洋行政主管部门应及时办理海域使用权证书的注销手续。而政府组织实施填海或政府回购的建设用地，则由政府土地储备机构申请换发国有土地使用证，并按照现行国有建设用地管理法律法规及政策规定实施供地。另外，申请换证时应提交土地登记申请书、海域使用权证书、海域使用权人身份证明材料、填海工程竣工验收合格通知书及验收测量报告等相关材料。

总的来说，福建省在规范填海造地海域使用权证书换发国有土地使用证的行政管理程序方面非常完善。对换证流程的前、中、后期均进行了细致规定，具体包括换证的时间要求、申请换证需提交的材料、用地手续办理流程、换证后的海域使用权注销，等等。

2）补缴土地出让金

关于换发国有土地使用证过程中是否需要补缴土地出让金的问题，主要体现在两个方面：一是哪种类型需要补缴；二是补缴金额是多少。

关于哪种类型需要补缴土地出让金，福建省已有非常明确的规定。宗地确认为国有农用地使用权的、确认为工业项目国有建设用地使用权的不需要补缴土地出让金；确认为其他出让类型国有建设用地使用权的，均需要补缴土地出让金。而至于补缴金额，福建省的规定是"按照市场评估的价格扣除已缴纳的海域使用金和实际投入的填海成本等费用计算"。

由以上规定可以看出，福建省在确定是否需要补缴土地出让金的问题上，主要是按照填海后的土地类型来确定。补缴的类型主要针对商业用地、住宅用地等增值较高的建设类型。这是由于海域使用金征收标准较低，而商业用地、住宅用地的地价高。通过填海的形式获得商业用地、住宅用地，会获得非常高的利润回报，这一方面会导致国有资产流失，另一方面也会刺激填海行为。因此，福建省针对这几种用地类型征收土地出让金，并按照"市场评估价格扣除已缴纳的海域使用金和实际投入的填海成本等费用计算"，以此压缩填海造地的利润空间，可以对填海造地行为进行有效管理。

3）不动产统一登记制度

随着福建省全面推行不动产统一登记制度，海域使用权登记审批权限由海洋行政主管部门移交至不动产登记中心；原"海域使用权证书"也对应换发为"不动产权证书"（权利类型明确为"海域使用权"）。

新的不动产统一登记制度仅对登记机关、证书类型做出改变，并未对海域使用权证书换发国有土地使用证的程序做出其他修改。《不动产登记暂行条例实施细则》第五十九条规定，"因围填海造地等导致海域灭失的，申请人应在围填海造地等工程竣工后，依照本实施细则规定申请国有土地使用权登记，并办理海域使用权注销登记"。

（3）填海造地海域使用权证书换发国有土地使用证的实体权利衔接

1）权利人衔接

关于填海造地海域使用权证书换发国有土地使用证的权利人衔接问题，根据福建省实践经验分为两种情况进行考虑：一种是自用型填海项目的衔接，另一种是政府收储型填海项目的衔接。

关于自用型填海项目的衔接。《福建省海域使用管理条例》第二十九条关于三个月内换发国有土地使用证，确认土地使用权的规定，尽管没有明确说明新增土地使用权人为原海域使用权人，但是该条文规定是以海域使用权证书"换发"国有土地使用权证，而不是申请国有土地使用证，所以应当理解为填海项目原海域使用权人是当然的新增土地的使用权人。这是海域物权化的意义所在，也是符合海域使用权民事化的宗旨的。与之相一致，福建省在实际操作中也是认为自用型填海项目原海域使用权人是新增土地的使用权人。

关于政府收储型填海项目的衔接。在福建省的实践操作中，还存在政府委托填海的项目。政府委托代建单位进行区域建设用海的整体围填和整理开发；政府将填好的土地回购收储，再出让给具体的用地企业。这种情况下的海域使用权人和土地使用权人并不是同一个人。针对这种情况，《换证办法》第二条规定"填海项目竣工后3个月内……政府组织实施填海形成的或者政府回购填海形成的建设用地，由政府土地储备机构申请换证"。

2）使用期限衔接

关于新确定土地使用权的期限，《换证办法》第八条规定"确认为出让类型国有建设用地使用权的，土地使用权终止日期为海域使用权证书上登记的'海域使用权终止日期'"。也就是说，对于换发出让类型国有建设用地使用权的，换证后的土地使用期限即海域使用期限扣除该项目填海施工的周期。

三、我国海域有偿使用制度

（一）我国海域有偿使用的相关法规

我国最早的海域有偿使用法规来源于 1993 年财政部、国家海洋局颁布并实施的《国家海域使用管理暂行规定》（已废止），规定明确"在我国有偿转移海域使用权的，必须向国家缴纳海域使用金"，并对海域使用金的内涵、缴纳方式、分配比例等方面做出相关规定，目的是避免海域使用中的"无序、无度、无偿"现象，确保海域的可持续利用（张偲，王淼，2015）。该暂行规定从法律角度来看属于部门规章，其法律效力不高，权威性不强，因此在实施过程中存在一定的困难，但它的颁布为推动我国海域的有偿使用发挥了积极的作用。

2001 年 10 月 27 日，第九届全国人民代表大会常务委员会第二十四次会议通过了《海域使用管理法》，其中的第三十三条规定，"单位和个人使用海域，应当按照国务院的规定缴纳海域使用金"。该法自 2002 年 1 月 1 日起施行。与已废止的《国家海域使用管理暂行规定》相比，《海域使用管理法》法律效力更高，更具权威性和规范性，其颁布与实施标志着我国海域有偿使用的正式开始（张偲，王淼，2015）。

（二）我国海域使用金征收标准

为贯彻落实《海域使用管理法》，适应海洋经济发展的要求，提高海域资源配置效率，加强海域使用金征收管理，财政部和国家海洋局于 2007 年 1 月 24 日发布《关于加强海域使用金征收管理的通知》，明确海域使用金征收的区域范围包括辽宁省、河北省、天津市、山东省、江苏省、上海市、浙江省、福建省、广东省、广西壮族自治区和海南省。海域使用金统一按照用海类型、海域等别以及相应的海域使用金征收标准计算征收。该通知作为我国首个全国性的海域使用金征收标准文件，为之后 10 余年的海域价格评估工作及海域基准价格修订工作奠定了基础。

至 2018 年，财政部会同国家海洋局根据海域资源环境承载能力和国民经济社会发展情况，综合评估用海类型、用海需求、海域使用权价值、生态环境损害成本、社会承受能力等因素的变化，对海域使用金征收标准进行调整，于 2018 年 3 月 13 日，联合发布印发《关于调整海域无居民海岛使用金征收标准》的通知。距离 2007 年首次发布海域使用金征收标准已经过去了 11 年，二者的主要区别有以下三个方面。

（1）用海类型不同

2018 年发布的海域使用金征收标准，根据海域使用特征及对海域自然属性的影响程度，将用海方式分为五大类 24 小类。

与 2007 版用海类型的主要区别在于：删除了"13 废弃物处置填海造地用海"；增加了"34 围海式游乐场用海""35 其他围海用海""45 其他开放式用海""57 温、冷排水用海""58 倾倒用海"和"59 种植用海"（见表 2–3）。

（2）海域等别不同

2018 年发布的海域使用金征收标准，根据沿海地区行政区划变化以及海域资源和生态环境、社会经济发展等情况，对全国海域等别进行了调整。

（3）海域使用金征收标准不同

2018 年发布的海域使用金征收标准，根据国民经济增长、资源价格变化水平，并考虑海域开发利用的生态环境损害成本和社会承受能力，对海域使用金征收标准做出了调整。

变化最大的就是填海造地用海，2018 年发布的海域使用金征收标准将"建设填海造地用海"分为"工业、交通运输、渔业基础设施等填海"和"城镇建设填海"两类。其中，"城镇建设填海"的海域使用金征收标准比 2007 年平均增长了 17.13 倍；"工业、交通运输、渔业基础设施等填海"比 2007 年平均增长了 90%。变化次之的是"取、排水口用海"，比 2007 年增长了 1.33 倍。此外，其他用海方式的海域使用金标准相较 2007 年，增幅均为 50% 左右，详见表 2–4。

表 2-3　两版标准中用海类型 / 方式划分差别

2007 版用海方式界定		2018 版用海类型界定	
类型编码	类型名称	编码	用海方式名称
1	填海造地用海	1	填海造地用海
	11　建设填海造地用海		11　建设填海造地用海
	12　农业填海造地用海		12　农业填海造地用海
	13　废弃物处置填海造地用海		
2	构筑物用海	2	构筑物用海
	21　非透水构筑物用海		21　非透水构筑物用海
	22　跨海桥梁、海底隧道等用海		22　跨海桥梁、海底隧道用海
	23　透水构筑物用海		23　透水构筑物用海
3	围海用海	3	围海用海
	31　港池、蓄水等用海		31　港池、蓄水用海
	32　盐业用海		32　盐田用海
	33　围海养殖用海		33　围海养殖用海
			34　围海式游乐场用海
			35　其他围海用海
4	开放式用海	4	开放式用海
	41　开放式养殖用海		41　开放式养殖用海
	42　浴场用海		42　浴场用海
	43　游乐场用海		43　开放式游乐场用海
	44　专用航道、锚地等用海		44　专用航道、锚地用海
			45　其他开放式用海
5	其他用海	5	其他用海
	51　人工岛式油气开采用海		51　人工岛式油气开采用海
	52　平台式油气开采用海		52　平台式油气开采用海
	53　海底电缆管道用海		53　海底电缆管道用海
	54　海砂等矿产开采用海		54　海砂等矿产开采用海
	55　取、排水口用海		55　取、排水口用海
	56　污水达标排放用海		56　污水达标排放用海
			57　温、冷排水用海
			58　倾倒用海
			59　种植用海

表2-4 2018年和2007年海域使用金征收标准比较

单位：万元/公顷

海域等别 用海方式	一等 2018年	一等 2007年	一等 增幅	二等 2018年	二等 2007年	二等 增幅	三等 2018年	三等 2007年	三等 增幅	四等 2018年	四等 2007年	四等 增幅	五等 2018年	五等 2007年	五等 增幅	六等 2018年	六等 2007年	六等 增幅	征收方式
填海造地用海 — 建设填海造地用海 — 工业、交通运输、渔业基础设施等填海造地用海	300	180	67%	250	135	85%	190	105	81%	140	75	87%	100	45	122%	60	30	100%	一次性征收
填海造地用海 — 建设填海造地用海 — 城镇建设填海造地用海	2700	180	1400%	2300	135	1604%	1900	105	1710%	1400	75	1767%	900	45	1900%	600	30	1900%	
填海造地用海 — 农业填海造地用海	130			110			90			75			60			45			
构筑物用海 — 非透水构筑物用海	250	150	67%	200	120	67%	150	90	67%	100	60	67%	75	45	67%	50	30	67%	
构筑物用海 — 跨海桥梁、海底隧道用海						2018年征收标准为17.3，2007年征收标准为11.25，增幅为54%													
构筑物用海 — 透水构筑物用海	4.63	3	54%	3.93	2.55	54%	3.23	2.1	54%	2.53	1.65	53%	1.84	1.2	53%	1.16	0.75	55%	

续表

海域等级		一等			二等			三等			四等			五等			六等		征收方式
用海方式		2018年	2007年	增幅	2018年	2007年	增幅	2018年	2007年	增幅	2018年	2007年	增幅	2018年	2007年	增幅	2018年	2007年	增幅	
围海用海	港池、蓄水用海	1.17	0.75	56%	0.93	0.6	55%	0.69	0.45	53%	0.46	0.3	53%	0.32	0.21	52%	0.23	0.15	53%	按年度征收
	盐田用海	0.32			0.26			0.2			0.15			0.11			0.08			
	围海养殖用海	由各省（自治区、直辖市）制定																		
	围海式游乐场用海	4.76			3.89			3.24			2.67			2.24			1.93			
	其他围海用海	1.17			0.93			0.69			0.46			0.32			0.23			
开放式用海	开放式养殖用海	由各省（自治区、直辖市）制定																		
	浴场用海	0.65	0.45	44%	0.53	0.36	47%	0.42	0.3	40%	0.31	0.21	48%	0.2	0.15	33%	0.1	0.06	67%	
	开放式游乐场用海	3.26	2.25	45%	2.39	1.65	45%	1.74	1.2	45%	1.17	0.81	44%	0.74	0.51	45%	0.43	0.3	43%	
	专用航道、锚地用海	0.3	0.21	43%	0.23	0.18	28%	0.17	0.12	42%	0.13	0.09	44%	0.09	0.06	50%	0.05	0.03	67%	
	其他开放式用海	0.3			0.23			0.17			0.13			0.09			0.05			

续表

海域等别 用海方式		二、三等	征收方式
其他用海	人工岛式油气开采用海	2018年征收标准为13，2007年征收标准为9，增幅为44.44%	按年度征收
	平台式油气开采用海	2018年征收标准为6.5，2007年征收标准为4.5，增幅为44.44%	
	海底电缆管道用海	2018年征收标准为0.7，2007年征收标准为0.45，增幅为55.56%	
	海砂等矿产开采用海	2018年征收标准为7.3，2007年征收标准为4.5，增幅为62.22%	
	取、排水口用海	2018年征收标准为1.05，2007年征收标准为0.45，增幅为133.33%	
	污水达标排放用海	2018年征收标准为1.4，2007年征收标准为0.9，增幅为55.56%	
	温、冷排水用海	1.05	
	倾倒用海	1.4	
	种植用海	0.05	

第三章　海域价格评估的内涵及方法

一、海域价格评估的内涵

海域价格实质上是资源价格。资源价格是人们为了获得一定数量、质量的自然资源所有权或使用权而向其所有者支付的货币额。效用论认为价值反映物质对人的功效，自然资源在人类生存和发展中必不可少，因而是有价值的。稀缺论认为凡是稀缺的有用物品都有价值，稀缺性和独占性对自然资源的价格有重要影响。海域价格主要体现的是海域作为空间资源的价值，当然在特定用海类型中，海域价格还包括海域中的动植物资源价值、矿产资源价值、沙滩资源价值等。而海域价格评估即是按照一定的原则、程序和方法，对特定海域价格进行评定、估算的行为。根据《海域价格评估技术规范》（HY/T 0288—2020），海域价格评估的技术原则包括预期收益原则、最有效利用原则、替代原则、市场供需原则和贡献原则；而评估方法包括收益还原法、成本逼近法、剩余法和市场比较法。

《海域使用管理法》第三条规定："海域属于国家所有，国务院代表国家行使海域所有权……单位和个人使用海域，必须依法取得海域使用权。"在国家掌控海域所有权的前提下，海域使用权是从海域所有权上派生出来的一种权利，是为经营目的而设立的，授予民事主体依法在一定期限内对特定的海域的使用价值进行开发利用和收益的权利。所以海域价格评估主要指海域使用权在特定估价基准日、特定开发程度和特定出让年限下的海域使用权价格，也可以理解为海域的租金。我国海域使用权出让的最高年限主要参照《海域使用管理法》中的相关规定，即养殖用海最高使用年限为 15 年，拆船用海最高使用年限为 20 年，旅游、娱乐用海最高使用年限为 25 年，盐业、矿业用海最高使用年限为 30 年，公益事业用海最高使用年限为 40 年，港口、修造船厂等建设工程用海最高使用年限为 50 年。海域使用权价格是海域使用者为了获取海域预期收益的权利而支出的货币额，是海域使用权的市场交易价格，也是海域所有权的经济表现形式。在海域一级市场实际交易过程中，海域使用权价格的直接表现形式为海域使用金；而《海域法释义》对海域使用金的解释是"国家作为海域自然资源的所有者出让海域使用权应当获得的收益，是资源性国有资产收入"。

海域价格不单是由海域的二维空间资源属性决定的，还会受一系列价格影响因素的影响，主要影响因素包括区域经济状况、区划与规划符合性、交通条件、基础设施条件、邻近区域土地情况、气象气候条件，以及生态环境等。区域经济总量大、经济繁荣、发展速度较快的地区，用海企业的生产效率和用海效益相对较高，用海的需求量也会增大，海域价格水平也会相对较高。用海区域符合区划与规划条件，则用海行为合法，其生产条件能够得到政策保障，海域价格就会越高。交通条件越便利，可达性越好，则交通成本越低，生产经营成本也会越低，海域价格越高。基础设施（如供水、供电、通信、供气等设施）越完善，海域开发投入成本越低，则海域价格水平越高。邻近区域土地价格越高，代表该区域繁华程度以及土地空间资源的稀缺程度越高，则毗连的海域价格水平越高。气象气候条件也会对海域价格产生影响，影响到用海活动的经营天数和设施维护成本，条件越优越则海域价格越高。生态环境条件对不同用海类型海域价格的影响不同，尤其是对旅游娱乐用海的影响最为明显，海域的生态环境越好，其景观价值越高，海域的收益也会越高。

二、海域价格评估的方法

为保证海域评估工作的开展，国家海洋局先是于 2013 年颁布了《海域评估技术指引》（国海管字〔2013〕708 号）；之后自然资源部于 2020 年发布了行业标准《海域价格评估技术规范》（HY/T 0288—2020）。2021 年，为服务自然资源整体的市场配置与合理开发利用，自然资源部颁布了土地行业标准《自然资源价格评估通则》(TD/T 1061—2021),通则适用于土地、矿产、海域、无居民海岛等自然资源的价格评估,亦明确指出通则未列明事项,在各自然资源门类现行规范性文件中有所规定的,从其规定。本节对上述 3 个标准文件中规定的海域价格评估方法进行介绍(见表 3–1)。

表 3–1　各标准文件中的海域价格评估方法

《海域评估技术指引》	《海域价格评估技术规范》	《自然资源价格评估通则》
收益法	收益还原法	收益还原法
成本法	成本逼近法	成本逼近法
假设开发法	剩余法	剩余法
市场比较法	市场比较法	市场比较法
基准价格系数修正法		海域基准价系数修正法

(一)《海域评估技术指引》规定的方法

根据《海域评估技术指引》,海域估价有收益法、成本法、假设开发法、市场比较法和基准价格系数修正法 5 种主要估价方法。

(1)收益法

对于能够计算现实收益或潜在收益的海域,可采用收益法评估海域价格,即按一定的还原利率,将海域未来每年预期收益折算至评估基准日,以折算后的纯收益总和作为海域价格。

采用收益法时,应以客观、持续、稳定的收益为基础计算海域的年总收入,按不重复、不遗漏原则计算年总费用,合理测算海域纯收益。

具体公式为

$$P = \sum_{i=1}^{n} \frac{a_i}{(1+r_1)(1+r_2)\cdots(1+r_i)}$$

式中:

P ——海域价格;

a_i ——未来各年的海域纯收益;

r_i —— 海域还原利率；

n —— 海域使用年期。

（2）成本法

对于新开发的海域，或在海域市场欠发达、海域交易实例少的地区，可采用成本法评估海域价格，即以开发和利用海域所耗费的各项费用之和为基础，加上正常的利润、利息和税费等来确定海域价格。

采用成本法时，海域取得费和海域开发费应是评估基准日的重置费用，各项费用的取费标准应有明确、充分的依据。

具体公式为

$$P = (Q + D + B + I + T) \times K_2$$

式中：

P —— 海域价格；

Q —— 海域取得费；

D —— 海域开发费；

B —— 海域开发利息；

I —— 海域开发利润；

T —— 税费；

K_2 —— 海域使用年期修正系数。

海域使用年期修正系数 K_2 的计算公式为

$$K_2 = 1 - 1/(1+r)^n$$

式中：

K_2 —— 海域使用年期修正系数；

r —— 海域还原利率；

n —— 海域使用年期。

（3）假设开发法

对于待开发和再开发的海域，可采用假设开发法评估海域价格，即在测算出海域开发完成后的总价值基础上，扣除预计的正常开发成本和利润来确定海域价格。

采用假设开发法时，应根据最有效利用原则确定海域用途，再结合海域的规模、开发难易程度等情况合理估算开发建设周期，并假设在开发周期内各项成本均匀投入或分阶段均匀投入。

具体公式为

$$P = V - Z - I$$

式中：

P —— 海域价格；

V —— 海域开发后的总价值；

Z —— 开发成本；

I —— 开发利润。

（4）市场比较法

在海域市场较发达、海域交易实例充足的地区，可采用市场比较法评估海域价格，即根据市场替代原理，将评估对象与具有替代性且在近期市场上已发生交易的实例做比较，根据两者之间的价格影响因素差异，在交易实例成交价格的基础上做适当修正，以此来确定海域价格。

采用市场比较法时，比较实例应与评估对象的用海类型相同，且位于相邻区域或类似区域，交易时间应接近，数量不少于3个；应选择差异显著的比较因素进行价格修正，因素条件应尽量量化，无法量化时应定性描述指标的大小。

具体公式如下

$$P = P_b \times K_1 \times K_2 \times K_3 \times K_4$$

式中：

P —— 海域价格；

P_b —— 比较实例的海域价格；

K_1 —— 交易情况修正系数；

K_2 —— 海域使用年期修正系数；

K_3 —— 评估基准日修正系数；

K_4 —— 价格影响因素修正系数。

（5）基准价格系数修正法

在已有海域基准价格的地区，可用基准价格系数修正法评估海域价格，即针对评估对象价格影响因素的特殊性，利用海域价格修正系数，在同一地区同类用海的海域基准价格基础上进行适当修正，以此确定海域价格。

采用基准价格系数修正法时，应准确把握本区域海域基准价格的内涵及其修正体系的构成，根据海域价格影响因素实际情况确定修正系数。

具体公式如下

$$P = P_j \times (1 + K) \times K_j$$

式中：

P—— 海域价格；

P_j—— 某一用海类型的海域基准价格；

K—— 海域价格影响因素总修正幅度；

K_j—— 其他修正系数。

针对《海域评估技术指引》中各估价方法的适用性，孔昊等（2017）指出其中的成本法并不适用于海域一级市场（尚未开发海域）的评估工作，其不适用的根源在于忽略了海域增值收益。海域作为一种重要的自然资源，其价值会因为海域开发利用而增加。这部分增加的价值，不仅是由资本投入改良形成，还有一部分是海域使用者未对海域进行任何改良便获取的自然增值收益。这种自然增值的原因包括海域用途改变，社会投资或者自然因素引起的海域自然环境状况的改善，海域周边的基础设施完善，政府政策倾斜，等等。从理论上来说，这部分自然增值收益应该由政府代表公众享有，用于社会公共利益的改善。所以利用成本法计算海域价格时，理应对这部分海域增值收益进行考虑。这一观点，也可从成熟的土地估价理论体系中得到佐证。根据《城镇土地估价规程》（GB/T 18508—2014）中对成本法的界定，待估宗地价格是土地成本价格和土地增值之和；而土地增值既包括土地投资开发产生的价值增加额，也包括土地使用条件改变以及土地用途改变导致的自然增值。因此，需要对《海域评估技术指引》中的成本法进行修改，在原有成本法公式基础上，增加海域增值收益（C），即因改变海域用途或进行海域开发而产生的海域价值的增加额。

在现行的《海域价格评估技术规范》中，新的成本逼近法增加了海域增值收益这部分内容。

（二）《海域价格评估技术规范》规定的方法

2020 年发布的《海域价格评估技术规范》包含四种价格评估方法，分别为收益还原法、成本逼近法、剩余法、市场比较法。与《海域评估技术指引》中的估价方法相比（见表 3–1），《海域价格评估技术规范》修改了收益法、成本法、假设开发法的名称，分别将其更改为收益还原法、成本逼近法、剩余法，这与《城镇土地估价规程》中的评估方法名称保持一致。另外，与《海域评估技术指引》相比，新的技术规范取消了基准价格系数修正法。这主要是考虑到在《海域评估技术指引》实施期间，国内各沿海县市尚无正式颁布实施的海域基准价体系，存在基准价格系数修正法没办法实际应用的现实情况，因此《海域价格评估技术规范》取消了该方法。

（1）收益还原法

适用于待估海域有收益或潜在收益的情况。具体公式如下

$$P = \sum_{i=1}^{n} \frac{a_i}{(1+r_1)(1+r_2)\cdots(1+r_i)}$$

式中：

P —— 海域价格，单位为万元；

n —— 海域使用年期，单位为年；

a_i —— 未来各年的海域纯收益，单位为万元；

r_i —— 未来各年的海域还原利率，无量纲。

（2）成本逼近法

适用于在海域市场不发达地区，缺少同类型海域交易案例等的情况。具体公式如下

$$P = (Q + D + B + I + T + C) \times K_1$$

式中：

P —— 海域价格，单位为万元；

Q —— 海域取得费，单位为万元；

D —— 海域开发费，单位为万元；

B —— 海域开发利息，单位为万元；

I —— 海域开发利润，单位为万元；

T —— 税费，单位为万元；

C —— 海域增值收益，单位为万元；

K_1 —— 海域使用年期修正系数，无量纲。

采用成本逼近法评估有限年期海域价格时，应根据具体情况对海域增值收益进行年期修正：

（a）当海域增值是以有限年期的市场价格与成本价格的差额确定时，不再进行海域使用年期修正；

（b）当海域增值是以无限年期的市场价格与成本价格的差额确定时，海域使用年期修正系数公式为

$$K_1 = 1 - 1/(1+r)^n$$

式中：

K_1 —— 海域使用年期修正系数，无量纲；

r —— 海域还原利率，无量纲；

n —— 海域使用年期，单位为年。

（3）剩余法

适用于待估海域具有开发或再开发潜力的情况。具体公式为

$$P = V - Z - I$$

式中：

P —— 海域价格，单位为万元；

V —— 海域开发后的总价格，单位为万元；

Z —— 开发成本，单位为万元；

I —— 开发利润，单位为万元。

（4）市场比较法

适用于海域市场较发达地区，具有充足的替代性的海域交易案例的情况。具体公式如下

$$P = P_b \times K_2 \times K_3 \times K_4 \times K_5$$

式中：

P —— 海域价格，单位为万元；

P_b —— 比较案例的海域价格，单位为万元；

K_2 —— 海域使用年期修正系数，无量纲；

K_3 —— 估价期日修正系数，无量纲；

K_4 —— 交易情况修正系数，无量纲；

K_5 —— 价格影响因素修正系数，无量纲。

（三）《自然资源价格评估通则》规定的方法

2021 年颁布的《自然资源价格评估通则》对海域评估的主要方法进行了规定，包括收益还原法、成本逼近法、剩余法、市场比较法、海域基准价系数修正法等。与《海域价格评估技术规范》相比，该通则将海域基准价系数修正法列为主要方法之一。这应该得益于近年来海域基准价工作的开展。2020 年，福建省连江县颁布实施了养殖用海基准价；深圳、福州、海南等地开展了海域基准价格的制定工作。

该通则中没有再针对收益还原法、成本逼近法、剩余法、市场比较法进行介绍，明确这 4 种方法的具体公式、适用条件、参数要求等见《海域价格评估技术规范》，仅对增加的海域基准价系数修正法的具体公式单独进行明确。

已经建立了海域基准价的地区，可采用海域基准价系数修正法，公式如下

$$V = V_{1b} \times \left(1 + \sum K_i\right) \times \prod K_j$$

式中：

V —— 待估海域价格；

V_{1b} —— 海域基准价；

K_i —— 海域价格修正系数；

K_j —— 评估期日、海域使用年期、海域开发程度、交易情况修正系数等其他修正系数。

（四）其他适用方法

作为自然资源评估领域最基本，也是最成熟的五种评估方法，市场比较法、收益还原法（收益法）、剩余法（假设开发法）、成本逼近法（成本法）、基准价格系数修正法已经广泛应用到海域评估工作中。但是在实际评估应用中，尤其是针对透水构筑物用海、围海用海、开放式用海等按年度征收海域使用金的用海进行转让、征收补偿评估时，直接应用上述五种基本方法会略显不足。

考虑到海域使用权类似于土地使用权，在企业会计核算中一般作为无形资产列入资产负债表，那么对海域使用权的价值评估可以看成一种无形资产的评估，无形资产评估中使用频率最高的方法是收益法。收益法的具体应用形式有：通用方法、增量收益法、超额收益法和许可费节省法。其中，许可费节省法用来测算由于拥有该项资产而节省的向第三方定期支付许可使用费的金额，通过适当的折现率折现到评估基准日时点，以此作为该项资产的价值。而按年度征收的海域使用金可以看成海域使用权人向政府定期缴纳的海域使用许可费。因此，在对按年度缴纳海域使用金的用海项目进行价格评估时，可以参考无形资产评估中的许可费节省法。

许可费节省法是假设一个无形资产受让人拥有该无形资产，可以节省许可费支出，将该无形资产经济寿命期内每年节省的许可费支出通过适当的折现率折现，并以此作为该无形资产评估价值的一种评估方法。计算公式如下

$$P = Y + \sum_{t=1}^{n} \frac{KR_t}{(1+r)^t}$$

式中：

P —— 待估海域价格；

Y —— 入门费或最低收费额；

K —— 许可费率；

R_t —— 第 t 年分成基数（考虑税收影响后）；

t —— 许可期限；

r —— 折现率。

（1）入门费或最低收费额（Y）

入门费即最低收费额，是指在无形资产转让过程中，受让方与转让方在确定比例收费前预先扣除的一笔费用，也称为"保底费"。在海域价格评估中，可将其视为为获取待估海域的使用权（或达到待估海域可使用状态）而预先支付的各项前期费用之和，包括海域使用论证费、项目可行性研究费等各项专业费用。

（2）许可费率（K）

许可费率的取得方式一般有两种：一是以市场上可比或类似的许可费使用率为基础确定；二是基于收益的贡献率。在海域价格评估中，海域使用金的部分可以采用第一种方法，即以最新颁布的海域使用金征收标准为基础，确定许可费率。其余部分可参照收益的贡献率。

（3）分成基数（R_t）

分成基数的选择与许可费率紧密相关，分成基数的口径与许可费率的口径一致。

（4）许可期限（t）

在海域价格评估中，许可期限为评估基准日至海域使用权到期日的剩余海域使用年期。

（5）折现率（r）

折现率是将未来有限期预期收益折算成现值的比率，通常采用风险累加法、回报率拆分法等方法确定。在海域价格评估中，一般采用安全利率加风险调整值法确定折现率，安全利率一般选用同一时期 1 年期国债利率或银行存款利率，风险调整值＝银行 1 年期贷款利率×风险等别系数。风险等别系数根据不同海域利用方式来确定，投资风险越大，调整值越大。

第四章 渔业用海价格评估案例

一、基于剩余法评估某网箱养殖用海价格

（一）本宗海域价格定义

网箱养殖用海属于开放式养殖用海。网箱养殖指采用密集支架和框架制成的箱状或排式海水养殖设施，利用海域从事养殖生产的作业方式。普通网箱的绳网一般由合成纤维（如尼龙、聚氯乙烯等）网线编制而成，装配在框架上，网箱面积均为数平方米到数十平方米。

本宗用海位于 A 市某海域，海域开发后用于网箱养殖。本项目用海类型的一级类型为渔业用海，二级类型为开放式养殖用海；用海方式的一级方式为开放式，二级方式为开放式养殖；宗海面积 166.3587 公顷；宗海使用年期设定为 5 年。本次评估设定评估对象宗海开发程度为空置海域，无用海设施及其他附属物，已开展海域使用论证、海域价格评估两项必要的前期工作，且不存在海域利益相关者补偿。本次评估基准日期为 2021 年 9 月 1 日。

（二）剩余法评估过程

剩余法适用于待估海域具有开发或再开发潜力的情况，是指在预计开发完成后海域项目（就本项目而言，开发完成后的海域即 A 市网箱养殖项目）的正常市场价格基础上，扣除预计尚需投入的正常开发成本、利润和利息等，以价值余额来估算海域价格的一种方法。

具体公式为

$$P = V - Z - I$$

（1）项目开发完成后的价格（V）

上式中，海域开发完成后的价格即 A 市网箱养殖项目的价格，并假设该用海方式为最佳开发方式。采用收益法确定开发完成后不动产的总价。项目宗海属于开放式养殖用海，设定海域使用年期为 5 年，以计算海域开发后的价格。

1）计算年纯收益（a_i）

根据评估人员现场调查了解，当地常见网箱养殖品种主要包括黑鲷、真鲷、石斑鱼、黄鳍鲷和平鲷等。由于各种鱼的市场价格不同，为便于计算，取其平均价格 18.6 元 / 斤 [①] 作为养殖海鱼出售的市场价格。

当地每口养殖网箱的规格约为 4 米 × 4 米；每口网箱的年产量约为 1300 斤；每年的苗种费、饲料费、疾病预防费、人工费、维护费约占总收入的 95%。由此可计算网箱养殖单位面积收益 a' 为

$$a'=\frac{18.6\times1300\times(1-95\%)}{4\times4}=75.5625\ [元/（平方米）\cdot 年]$$

考虑到养殖布局，网箱之间需要预留水道。经过咨询当地管理部门，此处设定网箱实际养殖面积约占申请面积的 80%，166.358 7 公顷即 1 663 587 平方米。由此计算本项目开发完成后的收益 a_i：

$$a_i = 1\ 663\ 587 \times 80\% \times 75.5625 = 10\ 056.3834（万元/年）$$

2）确定还原利率（r_1）

海域还原利率是用以将海域纯收益还原为海域价格的比率。本次评估中按安全利率加风险调整值之和计算。

还原利率 = 安全利率 + 风险调整值

安全利率：取现行 5 年期的 LPR（贷款市场报价利率，即贷款基础利率）征收规则，按照 4.65% 计算。

风险调整值：由行业风险报酬率、经营风险报酬率、财务风险报酬率组成，综合分低、中、高、投机 4 个档次，相应的调整值分别为 0% ~ 2%、2% ~ 5%、5% ~ 8%、8% 以上。根据本次估价对象的用途、该区域同类养殖业的经营状况、当地城镇社会经济环境、自然环境等综合分析，评估人

---

① 1 斤 = 500 克。——编者注

员认为该用海项目具有高风险，台风、疾病等灾害会对养殖行业造成极大损失，故取风险调整值为15%（表4–1）。

表4–1 风险调整值

	调整因素	调整内容	取值
1	社会经济发展状况	A市近年来经济稳步增长，随着市民人均产值提高，对水产品需求日益增加	1%
2	养殖行业状况	养殖行业受台风、疾病等灾害影响较大，台风灾害、养殖品种疾病等会对养殖活动产生严重打击。根据对当地养殖行业的调查，该种风险非常高	10%
3	自然环境状况	项目用海区水质条件一般	4%
	合计		15%

确定还原利率（r_1）：

还原利率 = 安全利率 + 风险调整值 = 4.65% + 15% = 19.65%。

3）得出项目开发完成后的价格（V）

网箱建设周期较短，一般当年即可开展养殖活动。不同鱼种养殖周期不同，几个月到一两年不等，此处统一设定养殖周期为1年。由此第一年收入在经营年度年末获取，即需要按照1年贴现；依此类推，可计算得到开发后（在拥有5年海域使用权期间）的价格为

$$V = \frac{a_1}{1+r_1} + \frac{a_2}{(1+r_1)^2} + \frac{a_3}{(1+r_1)^3} + \frac{a_4}{(1+r_1)^4} + \frac{a_5}{(1+r_1)^5} = 30\ 307.8455（万元）$$

（2）开发成本（Z）

开发成本包括海域取得费、海域补偿费、工程费、管理费和开发利息。

1）海域取得费（Z_1）

评估对象宗海为国家所有，尚未设定海域使用权，其取得费主要考虑所需的相关专业前期费用，包括海域论证、工程可行性研究、水深测量等内容。各项专业前期工作收费标准的预估是在参照《关于印发〈海域使用论证收费标准（试行）〉的通知》（国海管字〔2003〕110号）《建设项目前期工作咨询收费暂行规定》等收费标准的基础上，根据评估单位的实际工作经验予以确定。

由于本次评估在价格定义时设定包含必要的前期费用（海域使用论证、海域价格评估），故在假设开发法计算过程中，前期费用取值为0。

$$Z_1 = 0 \text{（万元）}$$

2）海域补偿费（Z_2）

本次评估设定本宗用海不存在利益相关者补偿工作，故

$$Z_2 = 0 \text{（万元）}$$

3）工程费（Z_3）

根据评估人员调查，普通网箱单口投入成本为2000~3000元，但使用寿命较短。如果采用进口材料，则成本为6000元/口，使用寿命较长，设定新式网箱使用年期为10年。本宗海域申请用海年期为5年，但到期后网箱仍可继续使用。故本报告以进口材料制造的网箱成本6000元/口（每口网箱规格为4米×4米）作为计算设施费用的参照标准。则单位用海设施成本为

$$Z_3' = \frac{6000}{4 \times 4} = 375 \text{（元/平方米）}$$

参照上文，设定网箱实际养殖面积约占申请面积的80%，计算每公顷设施费用为300万元，按照直线折旧法，则此次申请用海周期5年（设施总共使用寿命10年）内的工程费用 Z_3 折算为

$$Z_3 = 375 \times 1\,663\,587 \times 80\% \times \frac{5}{10} = 24\,953.8050 \text{（万元）}$$

4）管理费（Z_4）

管理费以上述1）至3）项为基数，视项目大小、复杂程度取费，一般为3%~5%。本项目工程规模小，属养殖用海，审批项目较少，管理费用率取3%，则管理费 Z_4 为

$$Z_4 = (Z_1 + Z_2 + Z_3) \times 3\% \approx 748.6142 \text{（万元）}$$

5）开发利息（Z_5）

以尚需投入的开发成本为基数，按照项目开发程度的正常开发周期、各项费用投入期限和年利息率，分别估计各期投入应支付的利息。

评估基准日贷款利率按现行的1年期LPR + BP（点差）的方式，同时结合银行实际贷款情况进行确定，将本评估报告利率设定为4.35%。项

目建设周期设定为半年，且假设工程费和管理费在建设周期内均匀投入。则计息期按照 1/4 年计算。

$$Z_5 = \left(Z_1 + Z_2 + Z_3 + Z_4\right) \times \left[\left(1 + 4.35\%\right)^{\frac{1}{4}} - 1\right] \approx 275.0666 \quad （万元）$$

开发成本（Z）为上述 1）至 5）项之和，为

$$Z = Z_1 + Z_2 + Z_3 + Z_4 + Z_5 = 25\,977.4858（万元）$$

（3）开发利润（I）

参考《企业绩效评价标准值》（2021 版），渔业成本费用利润率的优秀值为 16.4%，良好值为 11.0%，平均值为 6.2%，较低值为 –2.5%，较差值为 –13.9%。A 市渔业较发达，水产品知名度较高，故利润率按较接近优秀值的 15% 作为评估对象海域的成本费用利润率，则开发利润为

$$I = Z \times 15\% \approx 3896.6229（万元）$$

（4）宗海价格（P）

基于上述计算结果，根据剩余法评估的公式可计算得到海域价格为 433.7368 万元。

$$P = V - Z - I = 30\,307.8455 - 25\,977.4858 - 3896.6229 = 433.7368（万元）$$

根据评估目的，采用剩余法，在满足海域价格定义及全部假设和限制条件的情况下，经评定得出评估对象在评估基准日（2021 年 9 月 1 日）的海域使用权价格为 433.7368 万元。该结果扣除海域价格定义中包含的前期费用之后，相较于最新的海域使用金标准溢价 73.82%。

二、基于收益还原法评估某筏式养殖用海价格

（一）本宗海域价格定义

筏式养殖用海属于开放式养殖用海。筏式养殖指采用缆索和支架等制成的浮筏、浮漂、吊笼等海水养殖装置，利用海域从事养殖生产的作业方式。

本宗用海位于 A 市某海域，海域开发后用于筏式吊养（龙须菜养殖）。

本项目用海类型的一级类型为渔业，二级类型为开放式养殖用海；用海方式的一级方式为开放式，二级方式为开放式养殖；宗海面积 46.6511 公顷；宗海使用年期设定为 10 年。本次评估设定评估对象宗海开发程度为空置海域，无用海设施及其他附属物，已开展海域使用论证、海域价格评估两项必要的前期工作，且不存在海域利益相关者补偿。本次评估基准日期为 2021 年 8 月 1 日。

（二）收益还原法评估过程

对于能够计算现实收益或潜在收益的海域，可采用收益还原法评估海域价格，即按一定的还原利率，将海域未来每年预期收益折算至评估基准日，以折算后的纯收益总和作为海域价格。

具体公式为

$$P = \sum_{i=1}^{n} \frac{a_i}{(1+r_1)(1+r_2)\cdots(1+r_i)}$$

（1）计算年纯收益（a_i）

年纯收益（a_i）= 年总收入（Y_i）– 年总费用（C_i）

1）计算年总收入（Y_i）

根据评估人员现场调研，龙须菜一般 1 年养殖 3 季；种植时间从 11 月开始，到第二年 6 月。产量约为 3.25 吨 /（亩·年）（湿重）。2020 年和 2021 年受疫情影响，龙须菜价格跌幅较大，但是正常情况下，每千克市场价格大约为 4 元。本次评估将疫情等不确定影响因素归到贴现率中予以考虑，此处按照正常情况下的市场价格（4 元 / 千克）进行计算，则单位面积年收入 Y 为

$$Y = 3250 \times 4 = 13\,000\,（元）$$

宗海面积 46.6511 公顷即 699.7665 亩，由此可计算得到年总收入为

$$Y_i = Y \times 699.7665 \approx 909.6965\,（万元）$$

2）计算年总费用（C_i）

对于养殖用海来说，年总费用主要包括营业成本、税金、财务费用和经营利润等方面。在本案例中，先以单位养殖面积（亩）为基础进行相关费用的计算。

①营业成本

营业成本主要包括苗种费用、设施折旧费、设施维护费以及人工费及船费。

a. 苗种费用（C_1）

根据对周边区域实际调研了解，龙须菜养殖苗种费用大约为年收入的10%。每亩年收入为 13 000 元。

$$C_1 = 13\,000 \times 10\% = 1300 \,[元/（亩·年）]$$

b. 设施折旧费（C_2）

根据调研，龙须菜筏式养殖主要依靠竹竿、浮球和绳，将龙须菜吊起进行养殖，每亩设施的费用大约为 8000 元。本次评估折旧费采用直线折旧法，按使用周期 10 年计算。

$$C_2 = 8000 \times 10\% = 800 \,[元/（亩·年）]$$

c. 设施维护费（C_3）

维护主要是检查绳子是否被过往渔船割断，以及台风期间是否对浮球、插竿形成破坏，并加以修补。设施维护费按照设施费的 20% 计算。

$$C_3 = 8000 \times 20\% = 1600 \,[元/（亩·年）]$$

d. 人工费及船费（C_4）

人工费及船费是养殖行业最主要的成本。根据评估人员了解到的福建省各类筏式养殖成本收益情况，此处按照年收入的 60% 计算人工费及船费。

$$C_4 = 13\,000 \times 60\% = 7800 \,[元/（亩·年）]$$

②税金（C_5）

根据法律规定，养殖企业免征增值税，故此处设定税费为 0。

$$C_5 = 0 \,[元/（亩·年）]$$

③财务费用（C_6）

利息主要考虑两种情况。苗种及设施费在养殖期初期即已投入，计息期设定为 1 年；人工费及船费、设施维护费在养殖年度均匀投入，则计息期设定为半年。利息按现行的 LPR 贷款利率 3.85% 计算。

$$C_6 = (C_1 + 8000) \times 3.85\% + (C_3 + C_4) \times 3.85\% / 2 = 539 \,[元/（亩·年）]$$

④经营利润（I）

可以以海域总收入为基数，根据海域使用类型、开发周期和所处地社会经济条件综合确定的海域投资回报率来计算海域经营利润。参考《企业绩效评价标准值》（2020 版），本项目宗海地处 A 市，参照渔业销售利润率的平均值 5.9% 计算经营利润。

$$I = Y \times 5.9\% = 767 \left[元/（亩·年）\right]$$

⑤年总费用

将每年单位面积的营业成本、税金、财务费用和经营利润相加，乘以宗海面积得到年总费用。

$$C_i = (C_1 + C_2 + C_3 + C_4 + C_5 + C_6 + I) \times 699.7665 = 12\,806 \times 699.7665$$
$$\approx 896.1210（万元）$$

3）计算海域年纯收益（a_i）

年总收入减去年总费用可以得到项目建成后的年纯收益。

$$a_i = Y_i - C_i = 909.6965 - 896.1201 = 13\,5755（万元）$$

（2）确定还原利率（r_1）

海域还原利率是用以将海域纯收益还原为海域价格的比率。本次评估中采用安全利率加风险调整值之和来计算。

$$还原利率\ r_i = 安全利率 + 风险调整值$$

安全利率：取现行的 LPR 征收规则，按照 3.85% 计算。

风险调整值：根据本次估价对象的用途、该区域同类养殖业的经营情况、A 市城镇社会经济环境、未来规划预期等综合分析，评估人员认为该用海项目具有高风险，取风险调整值为 15%（表 4–2）。

表 4–2　风险调整值

	调整因素	调整内容	取值
1	社会经济发展状况	A 市近年来经济稳步增长，随着市民人均值提高，对水产品需求日益增加	1%
2	养殖行业状况	养殖行业受台风、疾病等灾害影响较大，台风灾害、养殖品种疾病等会对养殖活动产生严重打击。根据对当地养殖行业的调查，该种风险非常高	10%

续表

	调整因素	调整内容	取值
3	自然环境状况	项目用海区水质条件一般	4%
	合计		15%

确定还原利率（r_1）：

还原利率 r_1 = 安全利率 + 风险调整值 = 3.85% + 15% = 18.85%

（3）宗海价格（P）

在还原利率 18.85% 的基础上，可计算还原后的年纯收益。根据实际收入的资金流情况，设定第一年收益在办理产权证半年后（养殖周期约半年），则还原时限为 0.5 年；第二年收益还原时限为 1.5 年，依此类推。

将各年还原后的年纯收益相加得到宗海价格，即：

$$P = \frac{a_i}{(1+r_1)^{0.5}} + \frac{a_i}{(1+r_1)^{1.5}} + \cdots + \frac{a_i}{(1+r_1)^{9.5}} = 64.5512 \text{（万元）}$$

根据评估目的，采用收益还原法，在满足海域价格定义及全部假设和限制条件的情况下，经评定估算确定评估对象在评估基准日（2021 年 8 月 1 日）的海域使用权价格为 64.5512 万元。该结果扣除海域价格定义中包含的前期费用之后，相对于最新的海域使用金标准溢价 253.06%。

三、基于市场比较法评估某开放式养殖用海价格

（一）本宗海域价格定义

开放式养殖用海指无须筑堤围割海域，在开敞条件下进行养殖生产所使用的海域，包括筏式养殖、网箱养殖及无人工设施的人工投苗或自然增殖生产等所使用的海域。

本宗用海位于 A 市某县海域，海域开发后用于建设海洋牧场，属于开放式养殖用海项目，包括筏式养殖和网箱养殖两个分区，具体平面布置如图 4–1 所示。

本项目用海类型的一级类型为渔业用海，二级类型为开放式养殖用海；用海方式的一级方式为开放式，二级方式为开放式养殖；宗海面积134.7917公顷（其中筏式养殖区117.9917公顷，网箱养殖区16.8000公顷）；宗海使用年期设定为15年。本次评估设定评估对象宗海开发程度为空置海域，无用海设施及其他附属物，已开展海域使用论证、海域价格评估两项必要的前期工作，且不存在海域利益相关者补偿。本次评估基准日期为2022年1月1日。

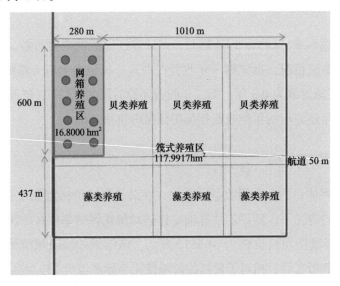

图 4-1　本项目具体平面布置

（二）市场比较法评估过程

市场比较法适用于海域市场较发达地区，具有充足的替代性的海域交易案例的情况。市场比较法是根据市场替代原理，将评估对象与具有替代性且近期在市场上已发生交易的实例相比较，根据两者之间的价格影响因素差异，在交易实例成交价格的基础上进行适当修正，以此来确定海域价格 P。具体公式如下

$$P = P_b \times K_2 \times K_3 \times K_4 \times K_5$$

（1）比较实例的海域价格（P_b）

评估人员通过调研 A 市开放式养殖用海的出让情况，了解到近年来通过招拍挂出让的海域使用权（开放式养殖用海）案例共有 3 宗。这 3 宗用海均为网箱养殖用海，其价格定义为"仅为海域使用权价格，不含前期费用、补偿费等"，与本报告略有差异。本报告评估的价格包含海域前期费用，补偿费设定为 0。

因此，可以在计算过程中先根据 3 宗比较实例的用海成交价格进行修正，计算不含前期费用的网箱养殖用海海域使用权价格，再根据网箱养殖用海相较于海域使用金标准的溢价幅度计算筏式养殖用海价格，最后再按实际支付情况增加前期费用成本。

各宗海具体情况见表 4-3，各宗用海单价（P_b）依次为：3975 元 /（公顷·年）、3489 元 /（公顷·年）和 4432 元 /（公顷·年）。

表 4-3 交易实例

序号	实例 1 号	实例 2 号	实例 3 号
宗海名称	A 市 A 海渔挂（2015）1 号养殖	A 市 A 海渔挂（2017）1 号养殖	A 市西北侧海域养殖
出让方式	挂牌	挂牌	挂牌
用海类型	开放式养殖用海	开放式养殖用海	开放式养殖用海
用海方式	开放式养殖	开放式养殖	开放式养殖
养殖方式	网箱养殖	网箱养殖	网箱养殖
用海期限	2016.03.01—2021.03.01	2017.04.11—2022.01.11	2021.11.12—2026.11.11
位置	B 村南侧海域	C 村西侧海域	D 村西北侧海域
成交价格	3975 元 /（公顷·年）	3489 元 /（公顷·年）	4432 元 /（公顷·年）
其他	仅为海域使用权价格，不含前期费用、利益相关者补偿费、生态补偿费等	仅为海域使用权价格，不含前期费用、利益相关者补偿费、生态补偿费等	仅为海域使用权价格，不含前期费用、利益相关者补偿费、生态补偿费等

（2）海域使用年期修正系数（K_2）

上述比较实例中，均是参照该省海域使用金征收管理办法，海域使用金标准按年计算，此处设定年期修正系数均为 1，即

本宗用海与实例 1 号用海的年期修正系数：$K_{21} = 1$；

本宗用海与实例 2 号用海的年期修正系数：$K_{22} = 1$；

本宗用海与实例 3 号用海的年期修正系数：$K_{23} = 1$。

（3）估价期日修正系数（K_3）

上述 3 宗比较实例用海的成交日期设定为海域使用权证书的起始日期。与本宗用海评估基准日（2022 年 1 月 1 日）相距时间分别约为 5.8 年、4.8 年和 0.14 年。

由于缺少历年海域使用权市场交易价格方面的统计，难以估算养殖用海海域价格的变化幅度。养殖用海按年缴纳海域使用金，且该省养殖用海使用金标准近年来并未调整。根据评估人员经验判断，这一时期养殖用海价格变化幅度极小，因此设定本宗用海与上述 3 宗比较实例用海的基准日修正系数均为 1，即

本宗用海与实例 1 号用海的基准日修正系数：$K_{31} = 1$；

本宗用海与实例 2 号用海的基准日修正系数：$K_{32} = 1$；

本宗用海与实例 3 号用海的基准日修正系数：$K_{33} = 1$。

（4）交易情况修正系数（K_4）

3 宗比较实例用海通过挂牌的形式出让，与本宗用海拟出让形式相同。故设定本宗用海与上述 3 宗比较实例用海的交易情况修正系数均为 1，即

本宗用海与实例 1 号用海的交易情况修正系数：$K_{41} = 1$；

本宗用海与实例 2 号用海的交易情况修正系数：$K_{42} = 1$；

本宗用海与实例 3 号用海的交易情况修正系数：$K_{43} = 1$。

（5）价格影响因素修正系数（K_5）

主要从区域位置、离岸距离、距城区距离、功能区划符合性、生态红线符合性、交通条件、风浪条件和海域水质条件方面将待估海域与上述 3 宗比较实例用海的价格影响因素进行比较（见表 4-4）。

设定本宗用海的各因素得分均为 100，根据各比较因素的具体属性特征对 3 宗比较实例用海的各因素予以赋值。赋值结果见表 4-5。

由表 4-5 可依次计算本宗用海涉及的网箱用海与其余 3 宗比较实例用

海的价格影响因素修正系数。

本宗网箱养殖用海与实例 1 号用海的价格影响因素修正系数：

$$K_{51} = \frac{100}{100} \times \frac{100}{114} \times \frac{100}{98} \times \frac{100}{100} \times \frac{100}{80} \times \frac{100}{100} \times \frac{100}{105} \times \frac{100}{100} \approx 1.0656$$

本宗网箱养殖用海与实例 2 号用海的价格影响因素修正系数：

$$K_{52} = \frac{100}{100} \times \frac{100}{106} \times \frac{100}{107} \times \frac{100}{100} \times \frac{100}{100} \times \frac{100}{100} \times \frac{100}{110} \times \frac{100}{100} \approx 0.8015$$

本宗网箱养殖用海与实例 3 号用海的价格影响因素修正系数：

$$K_{53} = \frac{100}{100} \times \frac{100}{104} \times \frac{100}{109} \times \frac{100}{100} \times \frac{100}{100} \times \frac{100}{100} \times \frac{100}{110} \times \frac{100}{100} \approx 0.8020$$

表 4-4　价格影响因素比较

影响因素	本宗用海	实例 1 号海域使用权	实例 2 号海域使用权	实例 3 号海域使用权
区域位置	E 海湾外侧	B 村南侧海域	C 村西侧海域	D 村西北侧海域
离岸距离	3.5 千米	0.66 千米	2.33 千米	2.77 千米
距城区距离	15 千米	16 千米	12 千米	12.5 千米
功能区划符合性	符合	符合	符合	符合
生态红线符合性	符合	不符合	符合	符合
交通条件	路网发达、可达性和便利性好	路网发达、可达性和便利性好	路网发达、可达性和便利性好	路网发达、可达性和便利性好
风浪条件	位于海湾外侧，风浪条件较差	风浪条件一般	风浪条件好	风浪条件好
海域水质条件	优	优	优	优

表 4-5　价格影响因素赋值结果

影响因素	本宗用海	实例 1 号海域使用权	实例 2 号海域使用权	实例 3 号海域使用权
区域位置	100	100	100	100
离岸距离	100	114	106	104
距城区距离	100	98	107	109
功能区划符合性	100	100	100	100
生态红线符合性	100	80	100	100
交通条件	100	100	100	100
风浪条件	100	105	110	110
海域水质条件	100	100	100	100

（6）待估海域使用权单价（P'）

根据上述市场比较法的公式，可计算本宗海域网箱养殖用海使用权价格（P'）。

根据实例 1 号海域使用权价格影响因素修正，得到本宗网箱养殖用海使用权价格 P'_1 为

$$P'_1 = P_{b1} \times K_{21} \times K_{31} \times K_{41} \times K_{51}$$
$$= 3976 \times 1 \times 1 \times 1 \times 1.0656 \approx 4236 \left[\text{元} / \left(\text{公顷} \cdot \text{年} \right) \right]$$

根据实例 2 号海域使用权价格影响因素修正，得到本宗网箱养殖用海使用权价格 P'_2 为

$$P'_2 = P_{b2} \times K_{22} \times K_{32} \times K_{42} \times K_{52}$$
$$= 3489 \times 1 \times 1 \times 1 \times 0.8015 \approx 2796 \left[\text{元} / \left(\text{公顷} \cdot \text{年} \right) \right]$$

根据实例 3 号海域使用权价格影响因素修正，得到本宗网箱养殖用海使用权价格 P'_3 为

$$P'_3 = P_{b3} \times K_{23} \times K_{33} \times K_{43} \times K_{53}$$
$$= 4432 \times 1 \times 1 \times 1 \times 0.8020 \approx 3554 \left[\text{元} / \left(\text{公顷} \cdot \text{年} \right) \right]$$

取上述 3 个修正结果的算术平均值，得到本宗海域网箱养殖用海使用权的单价 P'_{wx} 为

$$P'_{wx} = \left(P_1 + P_2 + P_3 \right) / 3 \approx 0.3529 \left[\text{万元} / \left(\text{公顷} \cdot \text{年} \right) \right]$$

设定网箱用海价格相较于网箱用海海域使用金标准的溢价幅度为筏式用海的溢价，由此可计算得到本宗海域筏式用海使用权的单价 P'_{fs} 为

$$P'_{fs} = \frac{0.3529}{0.3} \times 0.03 \approx 0.0353 \left[\text{万元} / \left(\text{公顷} \cdot \text{年} \right) \right]$$

（7）宗海价格（P）

本宗用海拟出让面积为 134.7917 公顷（其中筏式养殖区 117.9917 公顷，网箱养殖区 16.8000 公顷），乘以上文计算的海域使用权单价及年期（本报告根据自然资源主管部门实际管理经验，假设按年缴纳的海域使用金变为一次性缴清时无须考虑贴现率），同时加上海域使用前期费用，可计算得到该宗用海在本报告价格定义下的价格。根据与当地自然资源主管部门沟通，确定前期费用为 9.8 万元。

$P = 0.3529 \times 16.8000 \times 15 + 0.0353 \times 117.9917 \times 15 + 9.8 \approx 161.2074 （万元）$

根据评估目的，采用市场比较法，在满足海域价格定义及全部假设和限制条件的情况下，经评定估算确定评估对象在评估基准日（2022 年 1 月 1 日）的海域使用权价格为 161.2074 万元。该结果扣除海域价格定义中包含的前期费用之后，相较于最新的海域使用金标准溢价 17.65%。

四、基于海域基准价系数修正法评估某深远海养殖用海价格

（一）本宗海域价格定义

本宗用海位于 A 市某海域，海域开发后用于建设深远海养殖项目。深远海养殖项目用海也属于网箱养殖用海，但是相较于传统网箱养殖用海，深远海网箱养殖是利用规模化的、具有抗风浪能力的养殖设施，包括但不限于网箱、围栏、平台、工船等，配有一定的自动投喂、远程监控、智能管理等装备的养殖活动。一般位于远离大陆岸线 3 千米以上且水深大于 20 米并具有大洋性浪、流特征的开放海域。

本项目用海类型的一级类型为渔业用海，二级类型为开放式养殖用海；用海方式的一级方式为开放式，二级方式为开放式养殖；宗海面积 33.0329 公顷；宗海使用年期设定为 15 年。本次评估设定评估对象宗海开发程度为空置海域，无用海设施及其他附属物，尚未开展前期专业工作，且不存在海域利益相关者补偿。本次评估基准日期为 2022 年 10 月 1 日。

（二）海域基准价系数修正法评估过程

在已有海域基准价格的地区，可用基准价系数修正法评估海域价格，即针对评估对象价格影响因素的特殊性，利用海域价格修正系数，在同一地区同类用海的海域基准价格基础上做适当修正，以此确定海域价格。

采用基准价系数修正法时，应准确把握本区域海域基准价格的内涵及其修正体系的构成，根据海域价格影响因素实际情况确定修正系数，从而求出修正后的宗海单价 V，最后得出宗海价格 P。

具体公式如下

$$V = V_{1b} \times \left(1 + \sum K_i\right) \times \prod K_j$$

（1）海域基准价（V_{1b}）

2022年9月，《连江县养殖用海基准价修编应用方案》由连江县人民政府颁布实施。此次修编的主要内容是在已颁布的连江县养殖用海基准价基础上，将网箱养殖进一步分为"普通网箱养殖"和"深远海网箱养殖平台"两类。连江县养殖用海基准价是目前国内发布并正式实施的第一宗养殖用海基准价。

根据《连江县养殖用海基准价修编应用方案》，连江县养殖用海基准价涉及的用海类型范围包括底播养殖用海、筏式养殖用海、普通网箱养殖用海、深远海网箱养殖平台用海4种。本次评估属于深远海网箱养殖用海，对应的该种类型的基准价格定义如下。

1）连江县养殖用海基准价标准

根据《连江县养殖用海基准价修编应用方案》，全县养殖用海的基准价标准见表4-6。

表4-6　连江县养殖用海基准价　单位：万元/（年·公顷）

	底播养殖用海	筏式养殖用海	网箱养殖用海	
			普通网箱养殖用海	深远海网箱养殖平台
1级	0.1800	0.3750	0.9900	0.3450
2级	0.1050	0.2250	0.6300	0.2700
3级		0.0450	0.2550	0.2250
4级		0.0300	0.1500	0.1500

2）深远海网箱养殖平台用海级别范围

根据《连江县养殖用海基准价修编应用方案》，全县深远海网箱养殖平台用海共划分为四级。1级区域分布在黄岐湾湾内海域以及苔菉镇后湾村至下宫乡蕉仔近岸海域。2级区域主要分布在定海湾，黄岐镇、下宫乡近岸海域以及东洛岛附近海域。4级区域为连江县外海养殖区。3级区域为剩余海域。本宗用海位于2级区域。因此可以确定 $V_{1b} = 0.2700$ 万元/（年·公顷）。

3）其他价格内涵

此基准价设定连江县养殖用海价格及基准价年限为1年，即基准价为年度的价格。开发程度设定为未开发。估价期日为2022年5月1日。

（2）海域价格修正系数（K_i）

《连江县养殖用海基准价修编应用方案》针对深远海养殖平台用海规范了基准价影响因素修正系数和影响因素指标说明，具体见表4-7和表4-8。

连江县深远海养殖平台用海基准价影响因素包括海域自然条件、政策因素、交通及基础设施、养殖条件4个一级指标，又进一步细分为化学需氧量（COD）、水深条件、风浪条件、养殖区类型、城区距离、离岸距离、配套设施完善度、养殖种类适宜性、危险设施及污染源邻近程度9个二级指标。影响程度分为优、较优、略优、一般、略劣、较劣、劣7个等别，并分别给出了7个等别的修正系数和指标赋值说明。

表4-7 连江县养殖用海基准价影响因素修正系数

影响因素		修正幅度	等级划分/%						
			优	较优	略优	一般	略劣	较劣	劣
海域自然条件	COD	±22%	2.86	1.91	0.95	0	-0.95	-1.91	-2.86
	水深条件		1.54	1.03	0.51	0	-0.51	-1.03	-1.54
	风浪条件		2.42	1.61	0.81	0	-0.81	-1.61	-2.42
政策因素	养殖区类型		3.30	2.20	1.10	0	-1.10	-2.20	-3.30
交通及基础设施	城区距离		1.76	1.17	0.59	0	-0.59	-1.17	-1.76
	离岸距离		2.20	1.47	0.73	0	-0.73	-1.47	-2.20
	配套设施完善度		1.76	1.17	0.59	0	-0.59	-1.17	-1.76
养殖条件	养殖种类适宜性		4.62	3.08	1.54	0	-1.54	-3.08	-4.62
	危险设施及污染源邻近程度		1.54	1.03	0.51	0	-0.51	-1.03	-1.54

表 4-8　连江县深远海养殖平台用海基准价影响因素指标说明

影响因素		优	较优	略优	一般	略劣	较劣	劣
海域自然条件	海水质量	一类水质	一类、二类水质	二类水质	三类水质	四类水质	四类、劣四类水质	劣四类水质
	水深条件/米	≥30	25~29.99	20~24.99	10~19.99	5~9.99	2~4.99	<2
	风浪条件	风浪条件很好，对养殖无影响	风浪条件较好，对养殖有略微影响	风浪条件略好，对养殖有轻微影响	风浪条件一般，对养殖有一定影响	风浪条件较差，对养殖有较大影响	风浪条件略差，对养殖有很大影响	风浪条件差，对养殖有严重影响
政策因素	养殖区类型	位于养殖规划的"养殖区"	—	—	位于养殖规划的"限养区（不需退出）"	—	—	位于养殖规划的"限养区（需逐步退出）"
交通及基础设施	城区距离/千米	<20	20~29.99	30~39.99	40~49.99	50~59.99	60~69.99	≥70
	离岸距离/千米	<1	1~1.49	1.5~1.99	2~2.99	3~3.49	3.5~3.99	≥4
	配套设施完善度	区域内水产加工厂、冷链物流等服务设施完善	区域内水产加工厂、冷链物流等服务设施较完善	区域内水产加工厂、冷链物流等服务设施略完善	区域内水产加工厂、冷链物流等服务设施一般	区域内水产加工厂、冷链物流等服务设施略差	区域内水产加工厂、冷链物流等服务设施较差	区域内水产加工厂、冷链物流等服务设施很差
养殖条件	养殖种类适宜性	现状养殖区	—	—	规划养殖区	—	—	现状及规划未养区
	危险设施及污染源邻近程度/千米	≥11	9~10.99	7~8.99	5~6.99	3~4.99	1~2.99	<1

对待估宗海的海域自然条件、政策因素、交通及基础设施、养殖条件进行分析，确定待估海域各因素状况（见表4-9）。结合表4-7，确定

待估海域价格修正系数表（见表 4–10），从而得出待估宗海的海域价格修正系数（K_i）。

通过对待估海域各影响因素的综合分析，确定 $\sum K_i = 9.61\%$ ，满足连江县养殖用海基准价影响因素修正系数指标确定的最大修正幅度不超出 22% 的要求。

表4–9　待估海域各评价因素状况

影响因素		状况
海域自然条件	海水质量	满足一类水质要求
	水深条件	平均水深 25～29.99 米
	风浪条件	风浪条件一般，对养殖有一定影响
政策因素	养殖区类型	位于养殖规划的"养殖区"
交通及基础设施	城区距离	约 35 千米
	离岸距离	约 3.8 千米
	配套设施完善度	区域内水产加工厂、冷链物流等服务设施完善
养殖条件	养殖种类适宜性	规划养殖区
	危险设施及污染源邻近程度	无危险设施及污染源

表4–10　待估海域价格修正系数表

影响因素		影响等级	修正系数 /%
海域自然条件	海水质量	优	2.86
	水深条件	较优	1.03
	风浪条件	一般	0
政策因素	养殖区类型	优	3.30
交通及基础设施	城区距离	略优	0.59
	离岸距离	较劣	−1.47
	配套设施完善度	优	1.76
养殖条件	养殖种类适宜性	一般	0
	危险设施及污染源邻近程度	优	1.54
合计			9.61

（3）其他修正系数（K_j）

1）评估期日修正系数

由于海域价格受到不同的社会、经济、政策等因素的影响而不断变化，因此，必须对海域价格进行估价期日修正。此次调整的连江县养殖用海基准价估价期日为 2022 年 5 月 1 日，至评估基准日仅 5 个月，且养殖用海交易并不活跃，价格相对稳定。

本次评估交易期日修正系数取值为 1。

2）海域使用年期修正系数

根据《海域使用管理法》第二十五条规定，"养殖用海最高使用年限为十五年"。《财政部　国家海洋局印发〈关于调整海域无居民海岛使用金征收标准〉的通知》（财综〔2018〕15 号）规定，养殖用海海域使用金按年度征收。本次连江县养殖用海基准价调整，也是设定连江县养殖用海基准价年期为 1 年，即基准价为年度的价格。

考虑到最终海域价格的确定是用修正后的年度海域价格乘以年期，因此此处不再进行年期修正。年期修正系数取值为 1。

3）海域开发程度修正系数

海域基准价是在一定开发程度限制下的均质区域的平均价值，而对于具体宗海而言，其开发程度有可能与相应类型基准海域价设定的开发程度不一致，因此，必须进行开发程度修正。根据本宗用海的价格定义，宗海范围内尚未开发。

因此，本待估海域开发程度修正系数取值为 1。

4）交易情况修正系数

连江县海域基准价适用于海域一级市场市场化出让海域使用权的情形。而本宗用海拟通过挂牌的形式进行海域使用权出让，与基准价的设定情况一致。

因此，本待估海域交易情况修正系数取值为 1。

5）各修正系数综合值

将以上 4 个修正系数进行连乘，可以计算得到 $\prod K_j = 1$。

（4）修正后宗海单价（V）

利用海域基准价系数修正法公式，可计算得到本宗海域的单价：

$$V = V_{1b}(1 + \Sigma K_i) \times \Pi K_j = 0.2700 \times (1 + 9.61\%) \times 1$$
$$\approx 0.2959 \left[万元/(年 \cdot 公顷) \right]$$

（5）宗海价格（P）

考虑到自然资源主管部门的实际管理经验，按年缴纳海域使用金标准在一次性征缴时不考虑贴现率等问题，故本报告假设按年缴纳的海域使用金变为一次性缴清时无须考虑贴现率。由此可以利用上式计算的单价乘以宗海面积和海域使用权出让时间，计算得到宗海价格。

$$P = 0.2959 \times 33.0329 \times 15 \approx 146.6165（万元）$$

根据评估目的，采用海域基准价系数修正法，在满足海域价格定义及全部假设和限制条件的情况下，经评定估算确定评估对象在评估基准日（2022 年 10 月 1 日）的海域使用权价格为 146.6165 万元。该结果相较最新的海域使用金标准溢价 9.61%。

五、基于成本逼近法评估某开放式养殖用海价格

（一）本宗海域价格定义

开放式养殖用海定义见本章第三部分相关内容。

本宗用海位于 A 市某海域，海域开发后用于开放式养殖用海项目，包括筏式养殖和网箱养殖两个分区，具体平面布置如图 4-2 所示。

本项目用海类型的一级类型为渔业用海，二级类型为开放式养殖用海；用海方式的一级方式为开放式，二级方式为开放式养殖；宗海面积 280.7594 公顷（其中筏式养殖区 252.9230 公顷，网箱养殖区 27.8364 公顷）；宗海使用年期设定为 5 年。本次评估设定评估对象宗海开发程度为空置海域，无用海设施及其他附属物，已开展海域使用论证、海域价格评估两项必要的前期工作，且不存在海域利益相关者补偿。本次评估基准日期为 2022 年 6 月 1 日。

（二）成本逼近法评估过程

成本逼近法是以开发海域所耗费的各项费用之和为主要依据，加上正常的利润、利息、应缴纳的税费，以及海域增值收益来确定海域价格的方法。

具体公式为

$$P = (Q + D + B + I + T + C) \times K_1$$

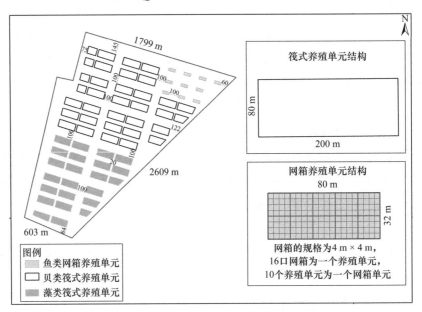

图 4–2　本项目具体平面布置

（1）海域取得费（Q）

海域取得费是按用海者为取得海域使用权而支付的各项客观费用计算，包括海域使用金、海域使用前期费用和各种补偿费。海域属国家所有，就海域使用权出让而言，其成本构成主要是国家规定的海域使用金最低标准，以及出让过程中发生的前期费用、海域补偿等。

1）海域使用金（Q_1）

海域使用金是指国家以海域所有者身份依法出让海域使用权，而向取得海域使用权的单位和个人收取的权利金。根据《福建省人民政府办公厅关于印发福建省海域使用金征收配套管理办法的通知》（闽政〔2018〕9号），网箱养殖用海海域使用金标准为200元/（亩·年），筏式养殖用海海域使用金标准为20元/（亩·年）。

考虑到自然资源主管部门的实际管理经验，按年缴纳海域使用金标准在一次性征缴时不考虑贴现率等情况，故本报告假设按年缴纳的海域使用金变为一次性缴清时无须考虑贴现率。

则海域使用金为

$$Q_1 = （200 \times 27.8364 \times 15 \times 5 + 20 \times 252.9230 \times 15 \times 5)/10\,000$$
$$\approx 79.6931（万元）$$

2）海域前期专业费用（Q_2）

根据本次评估价格定义，本评估设定宗海已开展必要的前期专业工作（海域使用论证、海域价格评估）。故此处仅考虑海域使用论证和海域价格评估两项前期工作。通过咨询当地自然资源主管部门，海域使用论证和海域价格评估客观成本为10.6万元。即

$$Q_2 = 10.6（万元）$$

3）海域补偿费用（Q_3）

根据评估价格定义，本次评估不涉及用海补偿，此部分费用为0。

计算海域取得费用为

$$Q = 79.6931 + 10.6 + 0 = 90.2931（万元）$$

（2）海域开发费（D）

成本逼近法中的海域开发费是指达到本报告设定的开发程度所投入的成本。具体指投入并固化在海域上的各种客观费用，如填海、修建防波堤、炸礁、疏浚、建设其他海上构筑物或生产设施等花费的各种费用。

本报告设定评估对象尚未开发，则开发费用为0元。

（3）海域开发利息（B）

计算海域取得费和海域开发费至评估基准日的利息。

本项目根据评估定义，在评估基准日仅有前期专业费用10.6万元需要计算利息。假设前期专业费用的开展周期为半年，且费用投入为开展周期

内均匀投入，则计息期设定为 1/4 年。利息按现行的 LPR 贷款利率 3.85% 计算。

$$B = 10.6 \times 3.85\% \times \frac{1}{4} \approx 0.1020 （万元）$$

（4）海域开发利润（I）

本项目根据评估定义，在评估基准日仅有前期费用 10.6 万元需要计算开发利润。参考《企业绩效评价标准值》（2021 版），本项目宗海地处 A 市，为开放式养殖用海。该地区渔业发达，水产品知名度高，故结合养殖用海资本收益率的优秀值以及开发周期、评估人员实地咨询调研结果综合考虑，以 15% 作为评估对象海域的开发利润。

则海域开发利润为

$$I = 10.6 \times 15\% = 1.5900 （万元）$$

（5）税费（T）

根据评估对象所在地区实际情况，无相关费用。

（6）海域增值收益（C）

海域增值收益可参照待估海域所在区域的类似海域开发项目增值额或比率测算。

经评估人员调研，近年来 A 市养殖用海市场化出让成交金额相较于海域使用金标准的溢价率平均为 16% ~ 50%。考虑到本宗用海的宗海条件，因位于该地区西南侧的海域距岸线距离较近，风浪条件会比该地区北侧海域差一些。故本次评估以溢价率的 35% 作为海域增值率。由此计算海域增值收益。

$$C = 79.6931 \times 35\% \approx 27.8926 （万元）$$

（7）海域使用年期修正系数（K_1）

本次评估为海域出让价格评估，设定用海年期为 5 年，故不进行年期修正，取年期修正系数 K_1 为 1.0。

（8）宗海价格（P）

$P = (Q + D + B + I + T + C) \times K_1$

$= (90.2931 + 0 + 0.1020 + 1.5900 + 0 + 27.8926) \times 1.0 = 119.8777$（万元）

根据评估目的，采用成本逼近法，在满足海域价格定义及全部假设和限制条件的情况下，经评定估算确定评估对象在评估基准日（2022 年 6 月 1 日）的海域使用权价格为 119.8777 万元。该结果扣除海域价格定义中包含的前期费用之后，相较于最新的海域使用金标准溢价 37.12%。

第五章 工业用海价格评估案例

一、基于收益还原法评估某海砂开采用海价格

（一）本宗海域价格定义

海砂开采用海属于固体矿产开采用海，是指开采海砂资源所使用的海域。

本宗用海位于 A 市某海域，为 A 市一块拟出让的海砂开采区域，用海面积约 222 公顷。本项目具体平面布置如图 5–1 所示。

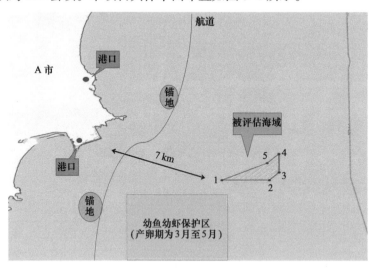

图 5–1 本项目具体平面布置

本项目用海类型的一级类型为工业用海，二级类型为固体矿产开采用海；用海方式的一级方式为其他，二级方式为海砂等矿产开采；宗海面积

约 222 公顷；宗海使用年期设定为 2 年。本次评估设定评估对象宗海开发程度为空置海域，无用海设施及其他附属物，已开展海砂资源储量核实、海域使用论证、开发利用方案编制等前期工作，且不存在海域利益相关者补偿。评估基准日期为 2021 年 12 月 31 日。

根据该海域的海砂资源储量核实报告以及开发利用方案，得知该海域海砂原矿的控制可开采总量为 3000 万立方米、海砂原矿的年最大控制开采量为 1500 万立方米。本次评估的价值类型为在遵循海砂控制可开采量的前提下，在评估基准日（即 2021 年 12 月 31 日）当天的市场价值。

（二）收益还原法评估过程

对于能够计算现实收益或潜在收益的海域，可采用收益还原法评估海域价格，即按一定的还原利率，将海域未来每年预期收益折算至评估基准日，以折算后的纯收益总和作为海域价格。

具体公式

$$P = \sum_{i=1}^{n} \frac{a_i}{(1+r_1)(1+r_2)\cdots(1+r_i)}$$

（1）计算年纯收益（a_i）

上式中，a_i 为该宗海域在用海期限内每年能够产生的纯收益。每年的纯收益为利用该宗海域从事经营或生产活动而产生的收入扣除利用该宗海域从事经营或生产活动所产生的成本。

年纯收益（a_i）＝年总收入（Y_i）－年总费用（c_i）

1）海砂储量及质量的介绍

本矿床矿体呈近似层状展布，分布较连续，矿层厚度变化较稳定，工程分布较均匀，海砂资源位于海底以下 30～40 米。经勘探发现，本项目的矿区分为 V1 和 V2 两个矿体（储量分布如图 5–2 和图 5–3 所示），两个矿区可开采的总资源量（Q_1）为 3900 万立方米（包含控制资源量以及推断资源量）。为了避免露天水下开采边坡坍塌导致超矿区开采，保证矿区安全、规范生产，有部分区域不能开采。因此，在 Q_1 的基础上，剔除不能开采的区域后，开采储量（Q_2）为 3333.33 万立方米。为了降低海砂开采对海洋环境和海洋生物等的损害，我国对海砂开采实行开采总量严格控制制度，严禁超总量开采，且在幼鱼幼虾保护区的产卵期间严格限制开采海砂等；恶劣的天气也会对海砂的开采造成一定的影响，设计开采量和实际开采量之间也会有一定量的损失。在 Q_2 的基础上剔除上述影响因素后，本项目海砂的控制可开采总量为 3000 万立方米，海砂原矿的年最大控制开采量为 1500 万立方米。

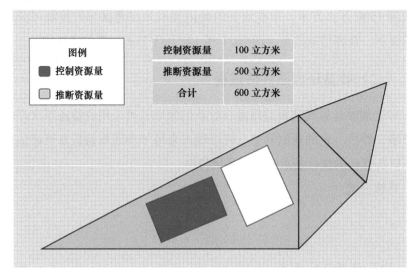

图 5–2　V1 矿体储量估算水平投影

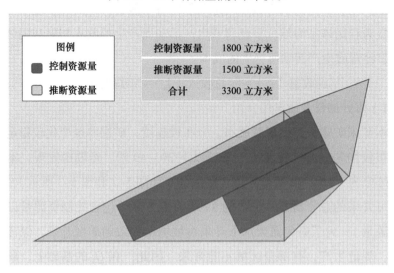

图 5–3　V2 矿体储量估算水平投影

海砂的质量主要体现在含泥量以及海砂规格两个方面。本矿区的平均含泥量为 14.46%，精矿率为 90%。全矿区加权平均细度模数为 2.7，参照《建设用砂》（GB/T 14684—2022）和《普通混凝土用砂、石质量及检验方法标准》（JGJ 52—2006），判断本项目的海砂为中砂级别。考虑到目前市面上海砂最经济、最常见的利用方式，粒径规格适中，砂砾含量越高的海砂，价值越高，因此本项目的海砂质量良好。

2）计算年总收入（Y_i）

经调研咨询 A 市及其附近两个城市的海砂供应商，得知目前海砂的销售坑口价格情况（见表 5–1）。3 个地区海砂的平均坑口价约为 130 元/立方米。考虑到近年 A 市附近的城市陆续会有海砂矿区出让，预计海砂资源供应量对比往年会有大幅增加，未来海砂价格存在一定程度下滑，并逐渐回归理性。综合分析，本次评估预测未来开采年期内海砂价格保持在 125 元/立方米（不含税）。

表 5–1　海砂坑口价格调研情况　　　　　　单位：元/立方米

调查地市	最低价格	最高价格
A 市	120	132
B 市	132	140
C 市	123	136
平均值	125	136

注：坑口价格是指海砂通过射流抽吸船进入采砂船后，通过传送带输送到运砂船时的价格，一般不包含除矿价外的费用。

从上文介绍可知，原矿最大控制开采量为 3000 万立方米，原矿年最大控制开采量为 1500 万立方米，精矿率为 90%，则精矿最大控制开采量为 2700 万立方米，精矿年最大控制开采量为 1350 万立方米。为方便计算，本次研究假设开采年期从基准日后的第一天开始计算。由此可推算，该宗海砂开采海域第一年的海砂精矿的可开采量为 1350 万立方米，第二年的海砂精矿的可开采量也为 1350 万立方米。根据上述分析，预测未来两年的海砂价格为 125 元/立方米，由此进一步估算出采砂企业在正常生产及经营的情况下，第一年和第二年总收入均为 168 750 万元。

$$Y_i = 125 \times 1350 = 168\,750\,（万元）$$

3）计算年总费用（C_i）

利用海域从事海砂销售的成本包括采砂费用、销售费用、安全费用、运砂费用、采矿权出让收益、资源税、增值税及附加税、管理费用、财务费用、生态补偿费用。

①采砂费用

根据项目的开发利用方案以及研究人员的调研，可知采砂费用（含租船等设备租赁费用、职工薪酬、材料费等）约为 25.78 元／立方米。采砂费用明细见表5–2。

表5–2　采砂费用明细　　　　　　　　　　　单位：元／立方米

项目	金额
设备租赁费	15
外购材料、燃料动力费	8.4
职工薪酬	2.38
合计	25.78

②运砂费用

在海砂的市场销售活动中，运砂费用是构成海砂开采成本的关键指标之一。由于本次评估采用的海砂价格为坑口价，因此本次评估中运砂费用不计入成本。

③销售费用

销售费用包括海砂销售过程中所产生的销售人员薪酬、广告费、业务招待费等，根据评估人员调查了解以及参考项目开发利用方案，销售费用按 0.5 元／立方米计算。

④采矿权出让收益

为切实解决海砂采矿权和海域使用权"两权"出让中不衔接、不便民的问题，适应机构改革后职能重构的要求，2019 年年底自然资源部印发《关于实施海砂采矿权和海域使用权"两权合一"招拍挂出让的通知》（自然资规〔2019〕5 号），明确自然资源部将海砂采矿权招拍挂出让工作委托省级自然资源主管部门具体实施，由省级自然资源主管部门将采矿权和海域使用权"两权"纳入同一招拍挂方案一并实施。竞得人可通过一次招拍挂同时取得采矿权和海域使用权两项权利。因此，此处还需要扣除采矿权出让收益。

参考项目的采矿权出让收益报告，采矿权出让收益按 36.68 元 / 立方米计算。

⑤安全费用

根据《财政部 国家安全生产监督管理总局关于印发〈企业安全生产费用提取和使用管理办法〉的通知》（财企〔2012〕16 号），露天非金属矿山的安全费用按 3 元 / 立方米计算。

⑥资源税

根据《广东省人民代表大会常务委员会关于广东省资源税具体适用税率等事项的决定》，对非金属类矿产实行从价计征。矿石（选矿）的计征标准为 2.0%。

⑦增值税及附加税

根据《财政部 国家税务总局关于简并增值税征收率政策的通知》（财税〔2014〕57 号），一般纳税人销售建筑用和生产建筑材料所用的砂、土、石料，可选择按照简易办法依照 3% 征收率计算缴纳增值税。

附加税包括城市维护建设税、教育费附加、地方教育附加。

城市维护建设税根据《中华人民共和国城市维护建设税法》，以增值税为计税依据，税率为 1%。教育费附加根据《征收教育费附加的暂行规定》，以增值税为计税依据，税率为 3%。地方教育附加根据《财政部关于统一地方教育附加政策有关问题的通知》（财综〔2010〕98 号），地方教育附加征收标准为单位实际缴纳的增值税和消费税税额的 2%。

⑧管理费用

参考开发利用方案及同类型海砂开采企业管理人员薪酬、保险费等管理成本，管理费用按 3.5 元 / 立方米计算。

⑨财务费用

财务费用是海砂开采企业为投资本项目贷款而产生的利息。本次评估假设海砂开采企业的投资资金来源一半为自有，一半为银行借款。利率取中国人民银行公布的一至三年贷款基准利率4.75%。本次评估假设采矿权出让收益为一次性投入，其他费用为均匀投入，则采矿权出让收益的计息期为2年，其他费用的计息期为1年。每年的财务费用根据出让年期进行分摊求得。利息计算公式为

$$I = \frac{C}{2} \times \left[(1+r)^n - 1 \right]$$

式中：

    I —— 利息；

    C —— 各投资费用；

    r —— 利率；

    n —— 计息期。

⑩生态补偿费用

根据项目的海洋环境影响报告，本工程环保投资约为6140.40万元，按开采年期进行分摊。

综上所述，本次项目的各项费用明细见表5–3。

表5–3 各项费用明细

项目	计价标准
采矿权出让收益	按36.68元/立方米计征
运砂费用	/
安全费用	按3元/立方米计征
采砂费用	按25.78元/立方米计征
销售费用	按0.5元/立方米计征
增值税	按年销售收入3%计征
资源税	按年销售收入2%计征
城市维护建设税	按增值税1%计征
教育费附加	按增值税3%计征
地方教育附加	按增值税2%计征
管理费用	按3.5元/立方米计征
财务费用	按投资额计征
生态补偿费用	6140.40万元

4）计算海域年纯收益（a_i）

以每年利用该宗海域从事海砂生产或经营活动所产生的收入扣除采砂成本、相关税费、财务管理费用、销售费用及生态补偿费用等利用该宗海域从事海砂生产或经营活动而产生的成本，来确定海域年纯收益，详见表5-4和表5-5。

表5-4　第一年纯收益计算　　　　　　　单位：元

项目	总价
1. 总收入	168 750.00
2. 总成本	119 922.83
（1）采矿权出让收益	55 020.00
（2）安全费用	4500.00
（3）采砂费用	38 670.00
（4）销售费用	675.00
（5）资源税	3375.00
（6）增值税	5062.50
（7）城市维护建设税	50.63
（8）教育费附加	151.88
（9）地方教育附加	101.25
（10）管理费用	5250.00
（11）财务费用	3996.38
（12）生态补偿费用	3070.20
3. 纯收益	48 827.17

（2）确定还原利率（r_1）

还原利率实质上是资本的折现率。本次评估采用安全利率加风险调整值的方法确定还原利率。

考虑到我国最安全的投资回报率为银行存款利率，因此本次评估采用评估基准日对应的我国金融机构执行的1年期存款利率1.5%为安全利率的数值。

表 5-5 第二年纯收益计算   单位：元

项目	总价
1. 总收入	168 750.00
2. 总成本	119 922.83
（1）采矿权出让收益	55 020.00
（2）安全费用	4500.00
（3）采砂费用	38 670.00
（4）销售费用	675.00
（5）资源税	3375.00
（6）增值税	5062.50
（7）城市维护建设税	50.63
（8）教育费附加	151.88
（9）地方教育附加	101.25
（10）管理费用	5250.00
（11）财务费用	3996.38
（12）生态补偿费用	3070.20
3. 纯收益	48 827.17

　　一项投资项目成立的基本条件是投资收益率大于同时期的银行贷款利率，因此，可将银行贷款利率看作风险调整值的基本要素，即投资风险值。风险调整值的求取借鉴目前已有研究成果，即风险调整值为银行贷款利率与风险等别系数的乘积。其中，投资风险等别系数是指海域开发利用中各用海类型可能受风险影响的程度，即反映了不同涉海产业的投资风险差异，投资风险越大，风险等别系数也越大，反之越小。本次评估采用经验判断法，将投资风险等别划分为 5 级，即根据风险因子对评估对象价值影响的敏感程度，确定各风险敏感程度对应的级别：5 为极为敏感，4 为敏感，3 为较敏感，2 为一般敏感，1 为较不敏感。用海项目的投资风险主要受市场、交通、政策、资金、经济、社会、工程、自然环境条件、外部协作条件等因素影响，其中，针对本用海项目，结合发展现状分析，主要的风险因素有如下几个方面。

　　自然因素——主要考虑采砂项目对水文条件、气象条件、地质条件、海洋环境等因素的敏感程度。采砂点所在海域的潮汐类型为不规则半日潮型，海域平均水深为 15.75 米，流速变化较稳定，在船舶锚定的条件下，对本次开采项目拟采用的采砂船、运砂船不会产生明显的影响。采砂点地处我国亚热带海洋季风气候区范围内，雷暴和海雾天气较多，热带气旋、雷暴和海雾影响期间，常伴有大风、大浪及风暴潮，采砂船只需停止作业并回港避风。矿区地层相对简单，由泥、砂、砾质砂和花岗岩风化壳等组成。A 市所在沿海区域为地震多发带，历史上发生过破坏性地震，但频度低，区域内多发生小震。因此，工程地质对海砂开采作业有一定的影响；采砂点所在的海域水质总体上符合所在海洋功能区海水水质标准要求；该海域表层海洋沉积物符合所在海洋功能区沉积物质量一类标准要求，海洋沉积物质量状况良好。海砂开采过程中会使得泥沙悬浮，对矿区附近的水质造成一定的影响；采砂船吸砂搅动及洗砂活动导致悬浮泥沙扩散，加之由于采砂活动掏空底层的海砂，覆盖在上面的淤泥层会塌陷，将会影响采砂区底栖生物的生存环境，且需要一段较长的恢复时间。因此，采砂作业需充分考虑海域环境的承载力，保障海洋及生态环境。《海域使用论证报告》中提及，海砂开采拟采用射流抽吸式采砂船，综合考虑到各自然因素对采砂船只施工作业的影响，合理规划了采砂时间及采砂强度。结合上述一系列分析，本次评估认为采砂项目对各项因素具有一定的敏感度，具体来看，对水文条件因素敏感度定为 3 级、对气象条件因素敏感度定为 3 级、对地质条件敏感度定为 3 级、对海洋环境条件因素敏感度定为 3 级。

经济因素——主要考虑用海项目对投资成本、经济危机、收益年际波动等因素的敏感程度。目前，A 市所在省的海砂开采生产成本较高，如果企业资金不能及时到位或收益不佳，将影响项目生产进度和其他相关评估指标，存在一定的资金风险。外部总体经济环境对采砂行业会造成大的影响，在出现新冠疫情、金融危机等经济下行或突发经济危机的情况下，各项填海造地、临港工业等活动将会受到波动，造成项目效益降低。A 市是所在省份沿海发展的一个重要城市，沿海地区的经济发展环境较好。由于近期国家正大力整治非法洗砂行为，加上近年预计将有大量海砂出让，未来短期内海砂的市场价格受供给量的影响，收益年际波动较大。因此，本次评估将投资成本条件因素敏感度等级定为 3 级，经济危机因素敏感度定为 1 级，收益年际波动因素敏感度定为 3 级。

区位因素——主要考虑用海项目对交通条件的敏感程度。本次采砂项目附近有好几个大型港口，且临近几条航道，采砂企业可通过相关航道将海砂资源就近运输至砂场，总体上说具有较好的交通区位。因此，本次评估认为采砂项目对交通条件的敏感度一般，敏感度等级定为 3 级。

市场因素——主要考虑用海项目对供需情况及市场竞争的敏感程度。根据 A 市"十四五规划"的内容，A 市在规划期内基建工程项目较多，用砂需求量大。目前，省内诸多重点项目也将加快建设，砂石、水泥等建材需求量较大。预计 A 市附近城市未来会有大量海砂出让，预计短期内海砂的市场价格受供给量的影响，会产生较大波动。因此，本次评估将供需情况因素的敏感度等级定为 3 级，市场竞争因素的敏感度定为 1 级。

政策因素——主要考虑用海项目对地方政策的敏感程度。A 市所在省份的"十四五规划"中明确提出大力发展该市沿海地区的经济建设，加大基础设施的投资力度，同时加大对环境保护的力度。本次采砂项目的开展与地区海洋经济发展思路是一致的，具有积极的辅助和推进作用；近期国家正大力整治省内的非法洗砂行为，该整治活动预计会对海砂的市场供应造成一定影响。因此，本次评估将政策因素的敏感度等级定为 3 级。

根据上述分析对项目投资风险的各影响因素进行赋值打分，汇总项目用海风险等级系数赋值表（见表 5–6）。

将各因子赋值之和除以因子个数作为风险等级系数，求出风险等级系数值为

$$29/11 \approx 2.64$$

投资风险值采用最能反映评估基准日当期市场投资风险的我国金融机构 1 至 5 年期银行贷款基准利率 4.75%，确定还原利率 r_1 为

$$r_1 = 1.5\% + 4.75\% \times 2.64 = 14.04\%$$

（3）宗海价格（P）

把上文计算得出的纯收益以及还原率代入收益法计算公式

$$P = \frac{48\ 827.17}{(1+14.04\%)} + \frac{48\ 827.17}{(1+14.04\%)^2} = 80\ 360.40 \ (\text{万元})$$

表5-6　海砂开采用海风险等级系数赋值表

影响因子		敏感度等级
母项	子项	
自然因素	对水文条件的敏感度	3
	对气象条件的敏感度	3
	对地质条件的敏感度	3
	对海洋环境的敏感度	3
经济因素	投资成本条件	3
	收益年际波动	3
	对经济危机的敏感度	1
区位因素	对交通条件的敏感度	3
市场因素	对供需情况的敏感度	3
	对市场竞争的敏感度	1
政策因素	对政策的敏感度	3

根据评估目的，采用收益还原法，在满足海域价格定义及全部假设和限制条件的情况下，经评定估算确定评估对象在评估基准日（2021年12月31日）的海域使用权价格为80 360.40万元，折合海域面积单价361.98万元/公顷，折合海砂储量单价26.79元/立方米。根据A市所在省份最新的海域使用金征收标准，扣除海域价格定义中包含的前期费用之后，本次评估结果与海域使用金相比溢价2379%。

二、基于市场比较法评估某海砂开采用海价格

（一）本宗海域价格定义

海砂开采用海定义见本章第一部分相关内容。

本宗用海位于A市某海域，用海类型的一级类型为工业用海，二级类型为固体矿产开采用海；用海方式的一级方式为其他，二级方式为海砂等矿产开采。宗海面积300公顷，平均可采深度约3.3米，海砂资源量为

725.4 万立方米，海砂开采上限为 5.00×10^6 立方米。海砂开采年期为 2 年。

本次评估设定评估对象宗海开发程度为空置海域，已开展海域使用论证、海洋环评、数模、海域价格评估等前期专业工作，尚未实施开采。无海上构筑物及附属用海设施，无生态补偿费用及开采过程中所需进行的跟踪监测等相关费用，且不存在海域利益相关者补偿。本次评估基准日期为 2018 年 9 月 1 日。

（二）市场比较法评估过程

市场比较法适用于海域市场较发达地区，具有充足的替代性的海域交易案例的情况。市场比较法是根据市场替代原理，将评估对象与具有替代性且在近期市场上已发生交易的实例做比较，根据两者之间的价格影响因素差异，在交易实例成交价格的基础上做适当修正，以此来确定海域价格。具体公式如下

$$P = P_b \times K_2 \times K_3 \times K_4 \times K_5$$

（1）比较实例的海域价格（P_b）

评估人员收集了 A 市及其周边的 B 市近 3 年的海砂出让案例，其中，A 市出让 3 宗，B 市出让 3 宗，详见表 5-7。经评估人员调查，B 市的 3 宗海砂出让案例的成交价中包含海砂开采价和运输到指定储砂坑的运输费用两个部分，而 A 市的 3 宗海砂出让案例的成交价仅为海砂开采价。本评估对象测算的海砂价格仅为开采价格，因此本评估报告选取 A 市 3 宗出让案例作为可比实例，评估对象与可比实例情况说明见表 5-8。

（2）海域使用年期修正系数（K_2）

海域使用年期修正是指将各比较实例的不同使用年期修正到评估对象的使用年期，得出修正系数，以消除因海域使用年期不同给价格带来的影响。

根据可比案例的招标公告，"出让期限自合同签订之日起，在 18 个月内按每宗 50 公顷以内分批次办理海域采砂临时用海海域使用权确权登记，每宗海域使用期限为自办理确权登记之日起算三个月"。此外，评估人员

表 5-7　近 3 年 A/B 市海砂出让交易情况调查表

项目名称	交易实例 1	交易实例 2	交易实例 3	交易实例 4	交易实例 5	交易实例 6
	A 市海域采砂用海 1 区块	A 市海域采砂用海 2 区块	A 市海域采砂用海 3 区块	B 市海域采砂用海 1 区块	B 市海域采砂用海 2 区块	B 市海域采砂用海 3 区块
海域位置	A 市某海域	A 市某海域	A 市某海域	B 市某海域	B 市某海域	B 市某海域
用海面积/公顷	390	390	300	693.9672	620.0796	677.94
用海类型	一级类型为工业用海，二级类型为固体矿产开采用海	一级类型为工业用海，二级类型为固体矿产开采用海	一级类型为工业用海，二级类型为固体矿产开采用海	一级类型为工业用海，二级类型为固体矿产开采用海	一级类型为工业用海，二级类型为固体矿产开采用海	一级类型为工业用海，二级类型为固体矿产开采用海
用海方式	海砂开采	海砂开采	海砂开采	海砂开采	海砂开采	海砂开采
使用年期/年	单证期限 3 个月，1.5 年内全部申请完毕	单证期限 3 个月，1.5 年内全部申请完毕	单证期限 3 个月，1.5 年内全部申请完毕	2	2	2
出让方式	挂牌	挂牌	挂牌	拍卖	拍卖	拍卖
成交价/万元	2338	2158	2515	8107.15	7005.47	8708.9
交易日期	2016.06	2016.06	2016.06	2016.01	2017.07	2018.03

表 5-8 评估对象与可比实例情况说明

项目名称	评估对象	可比实例 A	可比实例 B	可比实例 C
	A 市海砂开采项目	A 市某区海砂开采项目 1	A 市某区海砂开采项目 2	A 市某区海砂开采项目 3
用海类型	一级类型为工业用海，二级类型为固体矿产开采用海	一级类型为工业用海，二级类型为固体矿产开采用海	一级类型为工业用海，二级类型为固体矿产开采用海	一级类型为工业用海，二级类型为固体矿产开采用海
用海方式	海砂开采	海砂开采	海砂开采	海砂开采
用海面积/公顷	300	390	390	300
用海年期/年	2	1	1	1
限采量/万立方米	500	675	675	350
单位面积限采量/(万立方米·公顷⁻¹)	1.67	1.73	1.73	1.17
交易方式	挂牌	挂牌	挂牌	挂牌
是否多宗用海同时交易	单宗出让	单宗出让，分批报批	单宗出让，分批报批	单宗出让，分批报批
出让时间	—	2016.06	2016.06	2016.06
成交价格/万元	—	2338	2158	2515
地理位置	A 市某海域	A 市某海域	A 市某海域	A 市某海域
经济状况（人均地区年生产总值）/元	73 911	73 911	73 911	77 287
开采条件	风大浪大，水深小于 15 米，可施工天数约 280 天	风大浪大，水深小于 15 米，可施工天数约 280 天	风大浪大，水深小于 15 米，可施工天数约 280 天	风浪一般，水深 8～16 米，可施工天数 300 天
区划与规划	符合海洋功能区划及规划	符合海洋功能区划及规划	符合海洋功能区划及规划	符合海洋功能区划及规划

综合参考可比案例的实际海域使用权确权登记情况、限采量、招标底价、海域使用金征收标准等多方面因素，并与待估对象进行比较，认为在同样的交易方式下，海域使用年期定义为 1 年更合理。

因此，本次评估拟将可比案例的海域使用年期确定为 1 年，并结合海砂开采项目海域使用金缴纳方式（逐年缴纳），将可比案例的成交价格换算为每年每公顷的单价，以消除海域使用年期的影响，故海域使用年期修正系数 $K_2=1$。

（3）估价期日修正系数（K_3）

估价期日修正是指将比较实例在其成交日期的价格调整为评估基准日的价格。在未建立海域价格指数的情况下，应通过收集大量案例资料，运用统计方法分析特定区域内海域价格随时间变动的规律，求取相关指数，确定修正系数。

经评估人员比较分析，可比实例均为 2018 年 5 月 1 日前成交，当时的海域使用金标准采用《海域使用金征收标准》（财综〔2007〕10 号），即 4.5 万元/（公顷·年）。而 2018 年 5 月 1 日需按照《关于调整海域无居民海岛使用金征收标准》（财综〔2018〕15 号）的新标准实施，即海域使用金标准为 7.3 万元/（公顷·年）。海域使用金单项增幅达 62.22%。

根据评估人员调查，可比实例 A 中海域使用金占成交价的 75.06%，可比实例 B 中海域使用金占成交价的 81.33%，可比实例 C 中海域使用金占成交价的 53.68%。在不考虑其他费用增幅的情况下，拟以海域使用金占比与海域使用金涨幅的乘积作为可比实例的实际涨幅，以此计算评估基准日修正系数。

可比实例 A 的评估基准日修正系数为

$$K_{3A} = 1 + 62.22\% \times 75.06\% \approx 1.467$$

可比实例 B 的评估基准日修正系数为

$$K_{3B} = 1 + 62.22\% \times 81.33\% \approx 1.506$$

可比实例 C 的评估基准日修正系数为

$$K_{3C} = 1 + 62.22\% \times 53.68\% \approx 1.334$$

（4）交易情况修正系数（K_4）

交易情况修正是指排除交易行为中的一些特殊情况所造成的比较实例的价格偏差，将其成交价格修正为正常市场价格。评估人员可通过已掌握的交易资料进行分析计算，将特殊因素对海域价格的影响程度求和，确定修正系数。交易行为中的特殊情况包括：

1）不同出让方式的交易：目前海域使用权公开出让的交易方式可分为招标、挂牌及拍卖3种方式，不同的交易方式对交易价格会有不同的影响。评估对象与比较实例的交易方式相同，因此不做修正。

2）以净价形式进行的交易：评估对象与可比实例均为全价出让。

3）多宗用海同时交易的情形：评估对象为单宗出让，可比实例为单宗出让后分小区块分别报批（各小宗用海均要编制海域论证及环境影响评价报告，且均为海砂开采临时用海，时限为3个月）。以评估对象单宗交易情况为100%，分别报批的交易情况与整体报批情况相比，可能会使价格下降约5%。

4）宗海面积较大的交易：宗海面积大，那么其总价高，会影响交易单价，通常情况下，面积越大，单价越低。一般将用海面积划分为50公顷以下、50~500公顷、500~1000公顷和1000公顷以上4个等别，以评估对象用海面积为100%，每上升或下降一个等级，指数下降或上升5%。

综上，根据评估人员赋值，交易情况修正系数见表5-9

表5-9 交易情况修正系数

	评估对象	可比实例A	可比实例B	可比实例C
交易方式	100	100	100	100
是否多宗用海同时交易	100	95	95	95
宗海面积	100	100	100	100
交易情况系数（K_4）	—	1.05	1.05	1.05

（5）价格影响因素修正系数（K_5）

结合项目特点，本次评估选择评估对象所在区域经济状况、施工作业条件、区划与规划、单位面积限采量作为海域价格的影响因子进行分析比较。

1）区域经济状况：本报告拟采用2017年全年人均地区生产总值（GDP）作为指标对区域经济状况影响因子进行修正。以待估对象所在区域为100%，人均GDP每上升或下降1万元，指数上升或下降2%。

2）施工作业条件：主要考虑风浪、流速、水深及台风等自然条件及气候条件，分为优、较优、一般、较劣、劣5个等级，以评估对象为100%，每上升或下降一个等级，指数上升或下降5%。

3）区划与规划：区划与规划分析指标主要考虑区划与规划的符合度，分为完全符合、部分符合及不符合3个等级，以评估对象的区划与规划条件为100%，每上升或下降一个等级，指数上升或下降5%。

4）单位面积限采量：以评估对象限采量为100%，每上升或下降0.5万立方米/公顷，指数上升或下降2%。

本项目与各可比实例价格影响因素分析及指标赋值见表5–10及表5–11。

表5–10　价格影响因素分析

	评估对象	可比实例A	可比实例B	可比实例C
区域经济状况（人均地区年生产总值）/元	73 911	73 911	73 911	77 287
施工作业条件	风大浪大，水深小于15米，可施工天数约280天	风大浪大，水深小于15米，可施工天数约280天	风大浪大，水深小于15米，可施工天数约280天	风浪一般，水深8～16米，可施工天数300天
区划与规划	符合海洋功能区划及规划	符合海洋功能区划及规划	符合海洋功能区划及规划	符合海洋功能区划及规划
单位面积限采量/（万立方米·公顷$^{-1}$）	1.67	1.73	1.73	1.17

表5–11　价格影响因素指标赋值

	评估对象	可比实例A	可比实例B	可比实例C
区域经济状况	100	100	100	100
施工作业条件	100	100	100	105

	评估对象	可比实例A	可比实例B	可比实例C
区划与规划	100	100	100	100
单位面积限采量/(万立方米·公顷$^{-1}$)	100	100	100	98

各可比实例的价格影响因素系数测算如下。

本宗游乐场用海与实例A用海的价格影响因素修正系数

$$K_{5A} = \frac{100}{100} \times \frac{100}{100} \times \frac{100}{100} \times \frac{100}{100} = 1$$

本宗游乐场用海与实例B用海的价格影响因素修正系数

$$K_{5B} = \frac{100}{100} \times \frac{100}{100} \times \frac{100}{100} \times \frac{100}{100} = 1$$

本宗游乐场用海与实例C用海的价格影响因素修正系数

$$K_{5C} = \frac{100}{100} \times \frac{100}{105} \times \frac{100}{100} \times \frac{100}{98} \approx 0.9718$$

（6）宗海价格（P）

根据海域价格定义，本次评估的海域价格包含海洋环评、海域使用论证、海域价格评估、数模等前期专业费用，不包含生态补偿费用及开采过程中所需进行的跟踪监测等相关费用。而根据评估人员调查，可比实例A、B、C的成交价格除了包含海洋环评、海域使用论证、海域价格评估、数模等前期专业费用外，还包含生态补偿费用和后期的跟踪监测费用。因此，本报告拟将可比实例的成交价扣除生态补偿费用及后期的跟踪监测费用，并除以海域使用年期及面积，得出每年每公顷单价作为基数计算各可比实例修正后的比准价格。

根据评估人员收集的可比实例的海域使用论证报告及动态监测中标公告，可比实例A和可比实例B的生态补偿费用均为188.06万元，监测费用合计为208.08万元。可比实例C的生态补偿费用为522.80万元，无监测费用明细。参考可比实例A和可比实例B的监测费用，估算出可比实例C的监测费用

$104.04 \div 390 \times 300 \approx 80.03$ 万元。

各可比实例修正后的比准价格见表 5–12。

表5–12 各可比实例修正后的比准价格

	评估对象	可比实例A	可比实例B	可比实例C
成交价格 / 万元	—	2338	2158	2515
生态补偿费用 / 万元	—	188.06	188.06	522.88
监测费用 / 万元	—	104.04	104.04	80.03
扣除生态补偿费用及监测费用后的价格 / 万元	—	2045.90	1865.90	1912.09
扣除生态补偿费用及监测费用后的单价 / 万元·(公顷·年)$^{-1}$	—	5.25	4.78	6.37
海域使用年期修正	1.0	1.0	1.0	1.0
评估基准日修正系数	1.0	1.467	1.506	1.334
交易情况修正系数	1.0	1.05	1.05	1.05
海域价格影响因素修正系数	1.0	1.0	1.0	0.9718
比准价格 / 万元·(公顷·年$^{-1}$)	—	8.09	7.56	8.67

由于可比实例A和可比实例B与评估对象所在区位接近，海砂资源等很多因素都相似，更具有参照性。因此，本报告拟将可比实例A与可比实例B的权重系数取0.35，可比实例C的权重系数取0.3，得出评估对象采用市场比较法测算的海域单价为：$8.09 \times 0.35 + 7.56 \times 0.35 + 8.67 \times 0.3 \approx 8.08$ [万元 / (公顷·年)]

则宗海价格为：$P = 300 \times 2 \times 8.08 = 4848.00$（万元）

根据评估目的，采用市场比较法，在满足海域价格定义及全部假设和限制条件的情况下，经评定估算确定评估对象在评估基准日（2018年9月1日）的海域使用权价格为4848.00万元。该结果扣除海域价格定义中包含的前期费用之后，相较于最新的海域使用金标准溢价9.2%。

三、基于成本逼近法评估某电力工业用海价格

（一）本宗海域价格定义

电力工业用海是指电力生产所使用的海域，包括火电厂、核电厂、风

电场、潮汐及波浪发电站等的厂区、码头、引桥、平台、港池、堤坝、风机座墩和塔架、水下发电设施、取排水口、蓄水池、沉淀池及温排水区等所使用的海域。

本宗用海位于 A 市某海域，项目用海类型的一级类型为工业用海，二级类型为电力工业用海。项目建成后为某工业用海取水口的消浪拦污工程，工程分为取水明渠和取水口。

其中，取水明渠用海方式一级为构筑物，二级为非透水构筑物，面积 4.32 公顷；取水口用海方式的一级方式为其他，二级方式为取、排水口，面积 7.8 公顷。宗海使用年期设定为 50 年。本次评估设定评估对象宗海开发程度为空置海域，无用海设施及其他附属物，已开展海域使用论证、海域价格评估两项必要的前期工作，包含生态补偿费用，不包含海域利益相关者补偿。本次评估基准日期为 2018 年 9 月 1 日。

本宗用海的平面布置如图 5–4 所示。

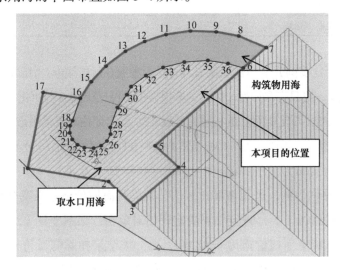

图 5–4　本宗用海的平面布置

（二）成本逼近法评估过程

成本逼近法是以开发海域所耗费的各项费用之和为主要依据，加上正常的利润、利息、应缴纳的税费，以及海域增值收益来确定海域价格的方法。

具体公式为

$$P = (Q + D + B + I + T + C) \times K_1$$

（1）海域取得费（Q）

海域取得费是按用海者为取得海域使用权而支付的各项客观费用计算的，包括海域使用金、海域使用前期费用和各种补偿费。海域属国家所有，就海域使用权出让而言，其成本构成主要是国家规定的海域使用金最低标准，以及出让过程中发生的前期费用、海域补偿等。

1）海域使用金（Q_1）

海域使用金是指国家以海域所有者身份依法出让海域使用权，而向取得海域使用权的单位和个人收取的权利金。待估海域总的用海面积为 12.12 公顷，其中非透水构筑物用海面积为 4.32 公顷，取、排水口用海面积为 7.8 公顷。海域使用年期为 50 年。依据财政部、国家海洋局 2018 年 3 月 13 日印发的《调整海域无居民海岛使用金征收标准》的通知（财综〔2018〕15 号），A 市的海域等别为六类，非透水构筑物的海域使用金征收标准为 50 万元 / 公顷，一次性征收；取、排水口用海的海域使用金征收标准为 1.05 万元 / 公顷，按年度征收。则非透水构筑物用海的海域使用金为

$$50 \times 4.32 = 216.00（万元）。$$

取、排水口用海每年需要缴纳的海域使用金为

$$1.05 \times 7.8 = 8.19（万元）。$$

用海期限为 50 年。由于目前缺少海域使用金按年征缴转变为一次性征缴的具体法律规定，且地方海洋局在上缴国家有关费用时依然按照海域使用金标准逐年上缴，因此本次评估根据当前海洋部门的实际操作，假设按年缴纳的海域使用金变为一次缴纳时不考虑该部分资金的时间价值，则取、排水口用海，海域使用年期 50 年的海域使用金总额为

$$8.19 \times 50 = 409.50（万元）$$

综上，海域使用金合计

$$Q_1 = 216.00 + 409.50 = 625.50（万元）$$

2）海域前期专业费用（Q_2）

根据 A 市海域使用权审批出让管理办法，待估海域的专业费用由海域

使用论证费、海洋环境影响评价费和价值评估费用组成，根据相关收费标准，并结合当地市场行情，测算出前期专业费用合计为110万元。即

$$Q_2 = 110（万元）$$

3）海域补偿费用（Q_3）

补偿费用主要为补偿施工过程中造成的生态损失所支付的费用，参照本项目的环境影响报告书，工程建设造成的海洋资源损失包括：工程永久占海造成的潮下带底栖生物损失，金额为35.8万元，施工悬浮物扩散造成的渔业资源损失，金额为11.2万元；另外，非透水构筑物占用造成的活体珊瑚礁生物资源损失为18.13万元，施工悬浮物扩散造成的珊瑚礁损失为5.13万元。因此，施工需支付的海洋生物资源补偿金额合计为70.26万元。

综上所述，本项目的海域补偿费用为

$$Q_3 = 70.26（万元）$$

4）海域取得费用合计（Q）

$$Q = 625.50 + 110 + 70.26 = 805.76（万元）$$

（2）海域开发费（D）

成本逼近法中的海域开发费用是指达到本报告设定的开发程度所需投入的成本。具体指投入并固化在海域上的各种客观费用，如填海、修建防波堤、炸礁、疏浚、建设其他海上构筑物或生产设施等花费的各种费用。

本报告设定评估对象尚未开发，则开发费用为0元。

（3）海域开发利息（B）

计算海域取得费和海域开发费至评估基准日的利息。

截至评估基准日，前期工作已开展1年，计息期为1年。由于海域使用金和补偿费用还未缴纳，因此计息基础仅为专业费。利率采用中国银行1年期贷款基准利率4.35%，单利计算，则利息为

$$B = 110 \times 4.35\% = 4.785（万元）$$

（4）海域开发利润（I）

海域开发利润根据海域使用类型、开发周期和所处地社会经济条件综

合确定。本项目用海类型为工业用海，根据评估人员对 A 市工业用海投资回报率的调查与走访，并结合《企业绩效评价标准值》(2018 版)，拟以 9% 作为本项目的利润率。考虑到前期专业费用和海域补偿费在评估价格定义中假设已发生，而海域使用金尚未缴纳，因此以前期专业费用和海域补偿费之和 180.26 万元作为基数，计算开发利润。

则海域开发利润为

$$I = (110 + 70.26) \times 9\% = 16.2234（万元）$$

（5）税费 (T)

由于待估海域为海域出让一级市场，不涉及相关税费，故本评估报告不包含税费的计算。

（6）海域增值收益 (C)

海域增值收益可参照待估海域所在区域的类似海域开发项目增值额或比率测算。

经评估人员调研，近年来 A 市工业用海海域使用权市场化出让溢价率（相较于海域使用金标准）平均为 5%～10%。待估海域等别为六等，其中非透水构筑物用海 2007 年的海域使用金征收标准为一次性征收 30 万元 / 公顷，2018 年的征收标准为一次性征收 50 万元 / 公顷，增长幅度达 66.67%。故本次评估以海域使用金征收标准为基数，溢价率取最低值 5% 作为海域增值率。由此计算海域增值收益为

$$C = 625.50 \times 5\% = 31.2750（万元）$$

（7）海域使用年期修正系数 (K_1)

本项目拟申请的海域使用年期与法定最高使用年期一致，故不对其进行修正。

（8）宗海价格 (P)

$$P = (Q + D + B + I + T + C) \times K_1$$
$$= (805.76 + 0 + 4.785 + 16.2234 + 0 + 31.2750) = 858.0434（万元）$$

　　根据评估目的，采用成本逼近法，在满足海域价格定义及全部假设和限制条件的情况下，经评定估算确定评估对象在评估基准日（2018 年 9 月 1 日）的海域使用权价格为 858.0434 万元。该结果扣除海域价格定义中包含的前期费用之后，相较于最新的海域使用金标准溢价 8.36%。

第六章 交通运输用海价格评估案例

一、基于成本逼近法评估某港口用海价格

（一）本宗海域价格定义

港池用海是指船舶停靠、进行装卸作业、避风和调动等所使用的海域，包括港口码头（含开敞式的货运和客运码头）、引桥、平台、港池（含开敞式码头前的船舶靠泊和回旋水域）、堤坝及堆场等所使用的海域。

本次评估的目的是为二级市场海域使用权收回做价格参考。本宗用海位于 A 市某海域，拟采用高桩梁板结构，建造一个 5000 吨级客货码头，码头设两个泊位，其中，西南侧为 3000～5000 吨杂货泊位，东北侧为 3000～5000 吨客运泊位。码头与后方陆域由栈桥连接，栈桥长 1300 米，宽 15 米。本项目平面布置如图 6–1 所示。

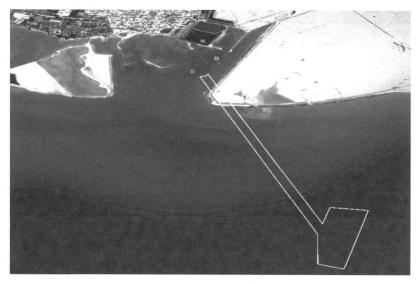

图 6–1 本项目平面布置

本项目用海类型的一级类型为交通运输用海，二级类型为港口用海；用海方式的一级方式为构筑物，二级方式为透水构筑物；宗海面积 15.3 公顷；宗海使用年期设定为 50 年。海域使用权初始登记日期为 2006 年 4 月。由于各种原因，栈桥及平台均未施工，现需提前收回该区域的海域使用权，收回日期为 2018 年 5 月。本次评估基准日期为 2018 年 5 月 1 日，剩余海域使用权年期为 38 年。

在评估基准日，评估对象宗海开发程度为空置海域，无用海设施及其他附属物，已完成前期专业工作和退养补偿工作。评估价值包含前期专业费用、退养补偿费用，不包含生态补偿、税费等其他费用。

待估海域的海域使用金的缴纳方式为逐年缴纳，根据评估人员了解，海域使用权人自海域使用权登记后，每年均已足额缴纳海域使用金，未发现拖欠，截至评估基准日已缴纳海域使用金的情况见表 6-1。

表 6-1　本项目海域使用金缴纳年度审查　　　　　　　　　单位：元

序号	实际缴纳时间	海域使用金收缴情况
1	2006.04.29	34 425
2	2007.02.25	68 850
3	2008.12.30	68 850
4	2009.02.25	68 850
5	2010.05.05	68 850
6	2011.05.09	68 850
7	2012.05.08	68 850
8	2013.04.16	68 850
9	2014.04.24	68 850
10	2015.05.05	68 850
11	2016.04.14	68 850
12	2017.05.03	68 850

（二）成本逼近法评估过程

成本逼近法是以开发海域所耗费的各项费用之和为主要依据，加上正常的利润、利息、应缴纳的税费，以及海域增值收益来确定海域价格的方法。

具体公式为

$$P = (Q + D + B + I + T + C) \times K_1$$

评估假设：本次评估拟采用重置成本的方法测算海域使用权价格，即测算在评估基准日，在同一海域申请同等面积、同等使用年期（38年）、相同用海类型和用海方式的海域使用权，所需支付的各项客观费用之和。

（1）海域取得费（Q）

海域取得费是按用海者为取得海域使用权而支付的各项客观费用计算的，包括海域使用金、海域使用前期费用和各种补偿费。海域属国家所有，就海域使用权出让而言，其成本构成主要是国家规定的海域使用金最低标准，以及出让过程中发生的前期费用、海域补偿等。

1）海域使用金（Q_1）

待估海域用海面积为15.3公顷，海域使用年期为50年。依据财政部、国家海洋局2018年印发的《调整海域无居民海岛使用金征收标准》的通知，A市的海域等别为3类，透水构筑物的海域使用金征收标准为3.23万元/公顷，逐年缴纳。因此，每年缴纳的海域使用金为49.419万元。

采用预付年金现值的计算方法将未来50年所需缴纳的海域使用金折算成现值。

$$Q_1 = A\left[(Q_1/A, i, n-1)\right] + 1$$

Q_1为海域使用金现值；A为每年缴纳的海域使用金49.419万元；i为报酬率，以评估基准日5年期中债国债收益率（3.29%）与风险值（2.5%）之和5.79%为参数；n为总用海年期50年。则海域使用金现值为

$$Q_1 = 848.81（万元）$$

2）海域前期专业费用（Q_2）

专业费用包括海域使用论证费、海域价格评估等。根据相关行业标准并结合A市的市场行情，确定待估海域的专业费合计约为20万元。

$$Q_2 = 20（万元）$$

3）海域补偿费用（Q_3）

根据委托方提供的资料，待估海域的养殖品种主要为紫菜、海蛎、花

蛤、海蛎附苗等，根据季节时令进行轮番养殖，一般 12 月到翌年 4 月以花蛤养殖为主，4—7 月以海蛎附苗为主，8—12 月以紫菜养殖为主，其中海蛎生长周期为全年。由于 A 市不允许一海多赔，且海蛎苗不在补偿范围内，因此本次评估假设待估海域补偿品种均为海蛎，补偿面积为 15.3 公顷。评估人员收集 A 市及周边地区的海蛎补偿标准（详见表 6-2），据此，可得评估基准日公开市场条件下的补偿费用为

$$Q_3 = 15.3 \times 20.37 \approx 311.66（万元）$$

表 6-2　邻近区域海蛎补偿标准

地区	补偿类型	补偿标准 / （元·亩）⁻¹	根据海域使用定级修正后的补偿标准 / （元·亩）⁻¹	合计 / （元·亩）⁻¹	价格指数修正后的补偿单价 / （元·亩）⁻¹	平均价格 / （元·亩）⁻¹
A 市 2009 年	直接补偿	3500	3500	9500	11 789.43	
	综合补偿	6000	6000			
B 市 2012 年	海域补偿费——滩涂海水养殖	无海域使用权证不补	—	10 714	12 018.27	13 581.37
	种苗	1500	$1500/1.4 \times 2 \approx 2143$			
	附着物	6000	$6000/1.4 \times 2 \approx 8571$			
C 市 2007 年	海域补偿费——滩涂海水养殖	$3000 \times 1.4 \times 0.8$	$3000 \times 2 \times 0.8 \approx 4800$	13 371	16 936.41	
	种苗	1500×0.8	$1500/1.4 \times 2 \times 0.8 \approx 1714$			
	附着物	6000×0.8	$6000/1.4 \times 2 \times 0.8 \approx 6857$			

4）海域取得费用合计

$$Q = 848.81 + 20 + 311.66 = 1180.47（万元）$$

（2）海域开发费（D）

成本逼近法中的海域开发费用是指达到本报告设定的开发程度所需投入的成本。具体指投入并固化在海域上的各种客观费用，如填海、修建防波堤、炸礁、疏浚、建设其他海上构筑物或生产设施等花费的各种费用。

根据评估人员现场实地查勘，并结合委托方提供的资料，发现待估海

域处于未开发状态，无用海设施及海上构筑物，因此海域开发的重置费用为 0 元。

（3）海域开发利息（B）

计算海域取得费和海域开发费至评估基准日的利息。

综合考虑待估海域拟采用的施工方案，认为待估海域客观的施工周期为 18 个月，利息在施工周期内均匀投入，计息基础为专业费和补偿费。利率采用中国银行 1 至 5 年期贷款基准利率 4.75%，则利息为

$$B = (20 + 311.66) \times \left[(1 + 4.75\%)^{\frac{3}{4}} - 1 \right] \approx 11.75 \text{（万元）}$$

（4）海域开发利润（I）

海域开发利润根据海域使用类型、开发周期和所处地社会经济条件综合确定。本项目用海类型为交通运输用海，根据评估人员对 A 市交通用海投资回报率的调查与走访，并结合《企业绩效评价标准值》（2018 版），拟以 9% 作为本项目的利润率，则利润为

$$I = 1180.47 \times 9\% \approx 106.24 \text{（万元）}$$

（5）税费（T）

本次评估的目的是为海域使用权收回提供价格参考，因此不考虑税费。

（6）海域增值收益（C）

海域增值收益可参照待估海域所在区域的类似海域开发项目增值额或比率测算。

经评估人员调研，近年来 A 市及周边地区交通用海海域使用权市场化出让溢价率（相较于海域使用金标准）平均为 5%～10%。待估海域等别为三等，其中透水构筑物用海 2007 年的海域使用金征收标准为每年 2.1 万元／公顷，2018 年的征收标准为每年 3.23 万元／公顷，增长幅度达 53.81%。故本次评估以海域使用金征收标准为基数，溢价率取最低值 5%

作为海域增值率。

$$C = 848.81 \times 5\% \approx 42.44 \text{（万元）}$$

（7）海域使用年期修正系数（K_1）

待估海域使用权的签发日期为 2006 年 4 月，从评估基准日起剩余使用年期约为 38 年。因此需对其进行年期修正，还原率 r 为 5.79%，则修正系数为

$$K_1 = [\, 1 - 1/\, (\, 1 + r\,)^{38}\,] \,/\, [\, 1 - 1/\, (\, 1 + r\,)^{50}\,] = 0.9385$$

（8）宗海价格（P）

$$P = (\, Q + D + B + I + T + C\,) \times K_1 = (\, 1180.47 + 0 + 11.75$$
$$+ 106.24 + 0 + 42.44\,) \times 0.9385 \approx 1258.43 \text{（万元）}$$

根据评估目的，采用成本逼近法，在满足海域价格定义及全部假设和限制条件的情况下，经评定估算确定评估对象在评估基准日（2018 年 5 月 1 日）的海域使用权价格为 1258.43 万元，即测算在评估基准日同一海域，申请同等面积、同等使用年期（38 年）、相同用海类型和用海方式的海域使用权，所需支付的各项客观费用之和为 1258.43 万元。

该评估结果可为二级市场海域使用权收回做价格参考。

二、基于许可费节省法评估某港池用海价格

（一）本宗海域价格定义

港池用海属于港口用海类型中的一种。具体定义可参照本章第一部分中的表述。

本次评估的目的是为二级市场海域使用权收回做价格参考。本宗用海位于 A 市某海域，属于某码头前沿停泊水域，用海类型的一级类型为交通运输用海，二级类型为港口用海；用海方式的一级方式为围海，二级方式为港池、蓄水；宗海面积 6.11 公顷。海域使用权初始登记日期为 1997 年 7 月，海域使用权证注明的宗海使用年期为 50 年。2010 年 7 月，政府拟提前收回该宗海的海域使用权，需对待估海域的使用权价格进行估算。评

估基准日为 2010 年 7 月 1 日。本次评估设定评估对象宗海开发程度为空置海域，无用海设施和海上构筑物。

（二）许可费节省法评估过程

许可费节省法是通过估算一个假设的无形资产受让人如果拥有该无形资产，就可以节省许可费支出，将该无形资产经济寿命期内每年节省的许可费支出通过适当的折现率折现，并以此作为该无形资产评估价值的一种评估方法。计算公式如下

$$P = Y + \sum_{t=1}^{n} \frac{KR_t}{(1+r)^t}$$

（1）评估假设

1）假设待估海域自海域使用权登记至海域使用权期限届满，海域使用金缴纳金额不发生变化。

2）假设待估海域被征收后，原海域使用权人拟在同一海域等别临近区域内租用其他现有码头前沿海域作为停泊水域。

3）假设待估海域无租赁等其他收益，无用海设施和海上构筑物。

4）假设不考虑税收影响。

（2）入门费 / 最低收费额（Y）

根据前述假设，原海域使用权人拟在同一海域等别临近区域租用其他现有码头前沿海域作为停泊水域，不再重新申请海域使用权，则拟投入的前期费用合计为 0 万元。

（3）许可费率 × 分成基数（KR_t）

根据实地踏勘和市场调研，并综合考虑评估对象可供停泊船舶的长度及每年停泊天数，大致测算出每年仅租用停泊海域所付租金约为 15 万元，每年的上涨幅度为 3%，自 2010 年开始，每年 7 月支付租金，即年初支付租金，t 从 0 开始计算。待估海域目前每年实际缴纳的海域使用金为

$$0.75 \times 6.11 = （4.5825 \text{ 万元 / 年}）$$

至海域使用权到期不发生变化。每年支付的管理维护费用约 5 万元，上涨幅度 3%。

则海域使用权人每年因拥有该海域使用权而节省的费用为

$$KR_t = \left[15 \times (1 + 3\%)^t\right] - \left[4.5825 + 5 \times (1 + 3\%)^t\right] \quad (t = 0 \sim 36)$$

（4）许可期限（t）

至评估基准日，待估海域剩余海域使用期限为

$$50 - 13 = 37 \,(年)$$

（5）折现率（r）

折现率 = 安全利率 + 风险调整值，安全利率取评估基准日 1 年期国债收益率约为 2.31%；风险调整值 = 银行 1 年期贷款利率 × 风险等别系数，评估基准日 1 年期贷款利率为 4.35%，风险等别系数取 1.2；则还原利率为 7.53%。

（6）宗海价格（P）

待估海域的海域使用权价格 P = 128.11 万元（计算过程详见表 6–3）。

根据评估目的，采用许可费节省法，在满足海域价格定义及全部假设和限制条件的情况下，经评定估算确定评估对象在评估基准日（2010 年 7 月 1 日）的海域使用权价格为 128.11 万元。

该评估结果可为二级市场海域使用权收回做价格参考。

表6-3　待估宗海海域使用权价格计算表

年份	t	KRt	贴现后价格/万元
2010	0	5.4175	5.4175
2011	1	5.7175	5.3171
2012	2	6.0265	5.2120
2013	3	6.3448	5.1030
2014	4	6.6726	4.9909
2015	5	7.0102	4.8762
2016	6	7.3580	4.7597
2017	7	7.7162	4.6419
2018	8	8.0852	4.5233
2019	9	8.4652	4.4043
2020	10	8.8567	4.2852
2021	11	9.2598	4.1666
2022	12	9.6751	4.0486
2023	13	10.1028	3.9315
2024	14	10.5434	3.8156
2025	15	10.9972	3.7011
2026	16	11.4646	3.5883
2027	17	11.9460	3.4771
2028	18	12.4418	3.3678
2029	19	12.9526	3.2606
2030	20	13.4786	3.1554
2031	21	14.0204	3.0524
2032	22	14.5785	2.9516
2033	23	15.1534	2.8532
2034	24	15.7454	2.7570
2035	25	16.3553	2.6633
2036	26	16.9834	2.5719
2037	27	17.6304	2.4829
2038	28	18.2968	2.3963
2039	29	18.9832	2.3121
2040	30	19.6901	2.2303
2041	31	20.4183	2.1508
2042	32	21.1683	2.0737
2043	33	21.9409	1.9988
2044	34	22.7366	1.9263
2045	35	23.5561	1.8559
2046	36	24.4003	1.7878
合计			128.11

第七章 旅游娱乐用海价格评估案例

一、基于剩余法评估某游乐场用海价格

（一）本宗海域价格定义

游乐场用海指开展游艇、帆板、冲浪、潜水、水下观光及垂钓等海上娱乐活动所使用的海域。

本宗用海位于 A 市某县海域，海域开发后用于开发海上休闲运动项目。项目建成后分为浴场区和水上运动器材动态体验区。浴场区用海面积约 2.65 公顷，水上运动器材动态体验区用海面积约 27.06 公顷。本项目平面布置如图 7–1 所示。

本项目用海类型的一级类型为旅游娱乐用海，二级类型为游乐场用海；用海方式的一级方式为开放式，二级方式为游乐场；宗海面积 29.7048 公顷；宗海使用年期设定为 25 年。本次评估设定评估对象宗海开发程度为空置海域，无用海设施及其他附属物，已开展海域使用论证、海域价格评估两项必要的前期工作，且不存在海域利益相关者补偿。本次评估基准日期为 2020 年 3 月 1 日。

（二）剩余法评估过程

剩余法适用于待估海域具有开发或再开发潜力的情况，是指在预计开发完成后海域项目（就本项目而言，开发完成后的海域即 A 市某旅游用海项目）的正常市场价格基础上，扣除预计尚需投入的正常开发成本、利润和利息等，以价值余额来估算海域价格的一种方法。

具体公式为

$$P = V - Z - I$$

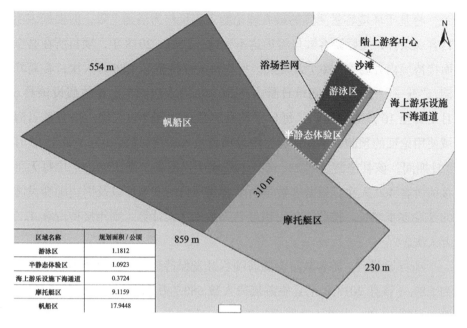

图 7-1　本项目平面布置

（1）项目开发完成后的价格（V）

上式中，海域开发完成后的价格即 A 市某旅游用海项目的价格。根据项目海域使用论证，该项目分为浴场区和水上运动器材动态体验区。

该项目建成后，盈利模式为收取门票。营利主要来自两个部分：一部分为浴场门票收入；另一部分为运动器材动态体验区的门票收入。

A. 浴场经营情况设定

根据资源环境的容量计算标准，海滨浴场水域（海拔 0～-2 米以内水面）的允许游人容量为 1000～2000 人 / 公顷。本次评估采用 1000 人 / 公顷的标准进行计算，则该宗用海浴场部分最大理论日游人容量约为 26 500 人次。

滨海浴场经营季节约为 5 月 1 日至 10 月 8 日期间，在此期间受台风及大风影响平均一年 15 次，一次影响天数约 3 天，除去受影响的天数，一年可供经营天数约为 113 天。则浴场部分年最大理论游人容量可达到 299.45 万人次。

将基于环境容量测算的最大理论游人容量作为浴场上限，但根据该项目客观条件，实际游客数量将远达不到这一数值。2018 年，项目所在县全面接待境内外游客 680.7 万人次，平均每天接待游客 1.86 万人次；在高峰期，"五一"小长假期间单日游客达到 3.52 万人次。本次评估假设该县 5 月 1 日至 10 月 8 日期间，每日平均游客数量达到 2 万人次。结合项目海域使用论证的预测，本评估报告假设项目投入运营初期，5 月 1 日至 10 月 8 日期间，该县旅游游客 2% 选择来到该项目浴场，则该项目平均每天可接待游客 400 人次，但游客数量会随着该项目的知名度以及周边配套设施的开发逐步增长。按照每年可供经营天数 113 天计算，则年接待游客 4.52 万人次。

项目运营后，游客数量会随着项目开发保持高速增长，年增长率设定为 5.8%（该县 2018 年全县旅游接待人数 680.7 万人次，同比增长 5.8%）；第 6 至第 10 年，游客人数继续逐年增加，但增长率会降低，设定为 2.9%；第 11 至第 15 年，设定增长率降低为 1.45%；第 16 至第 25 年（海域证期限），设定增长率稳定在 0.725%。

由此可计算每年 5 月 1 日至 10 月 8 日适游期经营季节可接待游客量（见表 7–1）。根据项目论证，本项目施工期间仅进行水上拦网的安装，估算施工期为 1 ~ 2 天。拦网建成后即可开展经营活动，故本次评估按第 1 年即开始正常经营计算。

由表 7–1 看出，预估到第 25 年进入浴场的游客数量约为 7.55 万人次，远低于该浴场年最大理论游人容量。

浴场收费标准根据对当地的实际调查情况确定。根据评估人员调查，当地传统浴场在旅游旺季会按每人 10 元的标准进行收费，故本次报告也按照 10 元 / 人次设定收费标准。

B. 水上运动器材动态体验区经营情况设定

根据项目海域使用论证，水上运动器材动态体验区以帆船体验为主，同时开展摩托艇、香蕉船、拖曳滑水圈、水上飞鱼、拖曳绳索及滑水板等游乐活动。经评估人员对邻近海上旅游主要目的地 B 市的调查，在其实际经营过程中，核心海上旅游项目为帆船体验。摩托艇等海上项目存在风险高、安全性难以保证的问题。因为 B 市近年发生过摩托艇事故，官方已经明确禁止当地开展此类海上项目。因此，本次评估设定水上运动器材动态体验区的盈利模式为帆船体验。

表 7–1　浴场每年接待游客数量　　　　　　　　单位：万人次

经营年份	游客	经营年份	游客
第 1 年	4.520	第 14 年	6.921
第 2 年	4.782	第 15 年	7.021
第 3 年	5.060	第 16 年	7.072
第 4 年	5.353	第 17 年	7.123
第 5 年	5.663	第 18 年	7.175
第 6 年	5.828	第 19 年	7.227
第 7 年	5.997	第 20 年	7.280
第 8 年	6.171	第 21 年	7.332
第 9 年	6.350	第 22 年	7.385
第 10 年	6.534	第 23 年	7.439
第 11 年	6.628	第 24 年	7.493
第 12 年	6.725	第 25 年	7.547
第 13 年	6.822		

根据项目海域论证，项目海域帆船同时出海数量为 10 艘。本次按照可乘坐 6 人的帆船规格计算游客数量，则同时可满足 60 位游客出海体验。根据对 B 市帆船市场的调研，一般出海体验 1 小时，平均市场价格为 80 元/人次。考虑到游客上下船等时间，每艘帆船每天适合出海次数为 4 次，则每天可接待游客 240 人次。

经营季同样设定为 5 月 1 日至 10 月 8 日，除去受风浪影响的天数，一年可供经营天数约为 113 天，则帆船体验年接待游客约 2.71 万人次。本次评估设定帆船数量和年接待游客数量均增加。

收费标准结合 B 市帆船体验价格与当地收费标准，设定为 60 元/人次。

1）计算年纯收益（a_i）

年纯收益（a_i）＝年总收入（Y_i）－年总费用（C_i）

①计算年总收入（Y_i）

按照上文综合考虑，年总收入包括浴场收入与帆船体验收入两项。

浴场门票收费标准设定为 10 元 / 人次，结合表 7-1 预估的每年接待游客数量，得到各年浴场经营收入见表 7-2。

表 7-2　各年浴场经营收入　　　　单位：万元

经营年份	年总收入	经营年份	年总收入
第 1 年	45.20	第 14 年	69.21
第 2 年	47.82	第 15 年	70.21
第 3 年	50.60	第 16 年	70.72
第 4 年	53.53	第 17 年	71.23
第 5 年	56.63	第 18 年	71.75
第 6 年	58.28	第 19 年	72.27
第 7 年	59.97	第 20 年	72.80
第 8 年	61.71	第 21 年	73.32
第 9 年	63.50	第 22 年	73.85
第 10 年	65.34	第 23 年	74.39
第 11 年	66.28	第 24 年	74.93
第 12 年	67.25	第 25 年	75.47
第 13 年	68.22		

水上运动器材动态体验区收益设定为帆船体验的收入。体验人数设定为每年 2.71 万人次，收费标准设定为 60 元 / 人次，则该部分年收益为

$$2.71 \times 60 = 162.60（万元 / 年）$$

将两个部分的收入相加，可得到该旅游用海项目年总收入（见表 7-3）。

②计算年总费用（C_i）

年总费用包括管理费用、营业成本、营销费用、财务费用和税金。

a. 管理费用

管理费用是指对旅游娱乐用海项目进行必要管理的费用，包括人员工资、物业费、企业办公费、一般维护及保养费、日常修理费、业务执行费等。

根据评估人员的调研结果，此处按年总收入的 3% 计算年管理费用，

结果见表7-4。

表7-3　项目年总收入　　　　　　　　　　　单位：万元

经营年份	年总收入	经营年份	年总收入
第1年	207.80	第14年	231.81
第2年	210.42	第15年	232.81
第3年	213.20	第16年	233.32
第4年	216.13	第17年	233.83
第5年	219.23	第18年	234.35
第6年	220.88	第19年	234.87
第7年	222.57	第20年	235.40
第8年	224.31	第21年	235.92
第9年	226.10	第22年	236.45
第10年	227.94	第23年	236.99
第11年	228.88	第24年	237.53
第12年	229.85	第25年	238.07
第13年	230.82		

表7-4　年管理费用　　　　　　　　　　　单位：万元

经营年份	年总收入	经营年份	年总收入
第1年	6.23	第14年	6.95
第2年	6.31	第15年	6.98
第3年	6.40	第16年	7.00
第4年	6.48	第17年	7.02
第5年	6.58	第18年	7.03
第6年	6.63	第19年	7.05
第7年	6.68	第20年	7.06
第8年	6.73	第21年	7.08
第9年	6.78	第22年	7.09
第10年	6.84	第23年	7.11
第11年	6.87	第24年	7.13
第12年	6.90	第25年	7.14
第13年	6.92		

b. 营业成本

营业成本包括服务人员工资、能源水电费、设施维护费等。根据评估人员的调研结果，此处按年总收入的 25% 计算年营业成本，见表 7–5。

表 7–5　年营业成本

单位：万元

经营年份	年营业成本	经营年份	年营业成本
第 1 年	51.95	第 14 年	57.95
第 2 年	52.61	第 15 年	58.20
第 3 年	53.30	第 16 年	58.33
第 4 年	54.03	第 17 年	58.46
第 5 年	54.81	第 18 年	58.59
第 6 年	55.22	第 19 年	58.72
第 7 年	55.64	第 20 年	58.85
第 8 年	56.08	第 21 年	58.98
第 9 年	56.52	第 22 年	59.11
第 10 年	56.98	第 23 年	59.25
第 11 年	57.22	第 24 年	59.38
第 12 年	57.46	第 25 年	59.52
第 13 年	57.71		

c. 年营销费用

营销费用包括销售的广告宣传费、委托营销代理费、营销奖励费等支出。此处按年总收入的 5% 计算年营销费用，见表 7–6。

d. 财务费用

财务费用是项目运营期间的资金占用成本。本评估报告设定的投资利润率（18%），是作为自有资本（不存在因贷款而产生的利息）予以设定的，所以该利润率其实包含利息和扣除利息后的纯利润之和。因此，为避免重复计算，此处利息（财务费用）设定为 0，实际的利息在利润计算过程中一并考虑。

e. 税金

税金是指按规定向税务部门缴纳的相关税费。此处主要考虑增值税及各类附加税等。

表 7-6　营销费用　　　　　　　　　　单位：万元

经营年份	年营销费用	经营年份	年营销费用
第 1 年	10.39	第 14 年	11.59
第 2 年	10.52	第 15 年	11.64
第 3 年	10.66	第 16 年	11.67
第 4 年	10.81	第 17 年	11.69
第 5 年	10.96	第 18 年	11.72
第 6 年	11.04	第 19 年	11.74
第 7 年	11.13	第 20 年	11.77
第 8 年	11.22	第 21 年	11.80
第 9 年	11.30	第 22 年	11.82
第 10 年	11.40	第 23 年	11.85
第 11 年	11.44	第 24 年	11.88
第 12 年	11.49	第 25 年	11.90
第 13 年	11.54		

2016 年 5 月 1 日起开始实行增值税，本项目按一般纳税人考虑，增值税税率为 6%（按简易办法以 6% 征收，但不能再行进项抵扣）。除了增值税，主要税金还附加城市建设税 7%、教育费附加 3%、地方教育费附加 2%、印花税 0.003%，合计税率为

$$6\% + 6\% \times (7\%+3\%+2\%) + 0.003\% = 6.723\%$$

年支付税金见表 7-7。将管理费用、营业成本、营销费用、财务费用、税金相加得到年总费用，结果见表 7-8。

③得出年纯收益（a_i）

年总收入减去年总费用可以得到年纯收益，见表 7-9。

2）确定还原利率（r_1）

海域还原利率是用以将海域纯收益还原为海域价格的比率。本次评估中采用安全利率加风险调整值之和计算。

还原利率 = 安全利率 + 风险调整值

①安全利率：取最新 3 年期银行定期存款利率（2.75%）与 3 年期国债利率（4%）的平均值，即 3.375%。

表 7-7 年支付税金　　　　　　　　单位：万元

经营年份	税金	经营年份	税金
第 1 年	13.97	第 14 年	15.58
第 2 年	14.15	第 15 年	15.65
第 3 年	14.33	第 16 年	15.69
第 4 年	14.53	第 17 年	15.72
第 5 年	14.74	第 18 年	15.76
第 6 年	14.85	第 19 年	15.79
第 7 年	14.96	第 20 年	15.83
第 8 年	15.08	第 21 年	15.86
第 9 年	15.20	第 22 年	15.90
第 10 年	15.32	第 23 年	15.93
第 11 年	15.39	第 24 年	15.97
第 12 年	15.45	第 25 年	16.01
第 13 年	15.52		

表 7-8 年总费用　　　　　　　　单位：万元

经营年份	年总费用	经营年份	年总费用
第 1 年	82.54	第 14 年	92.08
第 2 年	83.59	第 15 年	92.48
第 3 年	84.69	第 16 年	92.68
第 4 年	85.85	第 17 年	92.89
第 5 年	87.09	第 18 年	93.09
第 6 年	87.74	第 19 年	93.30
第 7 年	88.41	第 20 年	93.51
第 8 年	89.10	第 21 年	93.72
第 9 年	89.81	第 22 年	93.93
第 10 年	90.54	第 23 年	94.14
第 11 年	90.92	第 24 年	94.35
第 12 年	91.30	第 25 年	94.57
第 13 年	91.69		

表7-9　年纯收益　　　　　　　　　　　　　　　单位：万元

经营年份	年纯收益	经营年份	年纯收益
第1年	125.26	第14年	139.73
第2年	126.83	第15年	140.33
第3年	128.51	第16年	140.64
第4年	130.28	第17年	140.94
第5年	132.14	第18年	141.26
第6年	133.14	第19年	141.57
第7年	134.16	第20年	141.89
第8年	135.21	第21年	142.20
第9年	136.29	第22年	142.52
第10年	137.40	第23年	142.85
第11年	137.96	第24年	143.18
第12年	138.55	第25年	143.50
第13年	139.13		

②风险调整值：根据本次估价对象的用途、该县经济发展情况、旅游产业发展现状及政策、自然环境状况等综合分析，评估人员对该用海项目的风险值进行打分，详见表7-10，取风险调整值为7%。

表7-10　风险调整值

	调整因素	调整内容	取值
1	社会经济发展状况	该县近年来经济稳步增长，随着市民人均产值提高，对旅游娱乐产业需求日益增加。且B市"周边游"的不断开展，对本项目有积极促进作用	1%
2	旅游产业状况	该县近年来重视旅游产业发展，总体旅游知名度较高，旅游规模较好	2%
3	自然环境状况	项目用海区环境条件较好	1%
4	灾害情况	该区域主要受台风影响，在台风季节无法经营，且存在台风对设备造成损害的风险	3%
	合计		7%

③得出还原利率（r_1）：

还原利率 = 安全利率 + 风险调整值 = 3.375% + 7% = 10.375%

3）计算海域开发后的价格（V）

在 10.375% 还原利率基础上，可计算还原后的各年纯收益（表 7–11）。

表 7–11　还原后的各年纯收益　　　　　单位：万元

经营年份	年纯收益	经营年份	年纯收益
第 1 年	113.49	第 14 年	35.08
第 2 年	104.11	第 15 年	31.92
第 3 年	95.57	第 16 年	28.99
第 4 年	87.78	第 17 年	26.32
第 5 年	80.66	第 18 年	23.90
第 6 年	73.63	第 19 年	21.70
第 7 年	67.22	第 20 年	19.70
第 8 年	61.38	第 21 年	17.89
第 9 年	56.06	第 22 年	16.25
第 10 年	51.20	第 23 年	14.75
第 11 年	46.58	第 24 年	13.40
第 12 年	42.38	第 25 年	12.16
第 13 年	38.56		

将各年还原后的年纯收益相加得到海域开发后的总价格：V = 1180.68 万元。

（2）开发成本（Z）

剩余法中的开发成本是指按照海域设定开发程度至最终开发完成尚需投入的成本。开发成本包括海域取得费、海域补偿费、工程费用和开发利息。

1）海域取得费（Z_1）

评估对象宗海为国家所有，尚未设定海域使用权，其取得费主要考虑海域取得相关专业前期费用，包括海域论证、工程可行性研究、水深测量等内容。各项专业前期工作收费标准的预估，是在参照《海域使用论证收费标准（试行）》《建设项目前期工作咨询收费暂行规定》等收费标准的基础上，根据评估单位实际工作经验予以确定。

由于本次评估在价格定义时设定包含必要的前期费用（海域使用论证、

海域价格评估），故此处在考虑成本时仅需考虑除论证、价格评估后尚需要开展的工作（工程可行性研究）。预估该部分费用为 15 万元。即

$$Z_1 = 15（万元）$$

2）海域补偿费（Z_2）

经现场调研及座谈了解，项目用海区不存在海域补偿问题。故 $Z_2 = 0$。

3）工程费用（Z_3）

根据项目论证报告，本次评估项目的涉海建设内容包括设置海上拦网（600 米），海上拦网设施包括危险区域标志、安全防护网网体、沉块和浮球等；陆域配套淋浴室、更衣室、洗手间、急救室、瞭望台等设施，配套设施总建筑面积约 1000 平方米；中式 6 人小帆船 10 艘。

通过咨询相关工程建设单位，海上拦网的成本（含网体、沉块、浮球、人工费）按 50 元 / 米计算；配套设施工程费用按 1000 元 / 平方米计算。帆船价格则根据调研帆船市场的价格，设定为 30 万元 / 艘。

则各项工程费用的成本依次为：海上拦网 3 万元、配套设施 100 万元、帆船 300 万元。

$$Z_3 = 3 + 100 + 300 = 403（万元）$$

4）开发利息（Z_4）

以尚需投入的开发成本为基数，按照项目的开发程度的正常开发周期、各项费用投入期限和年利息率，分别估计各期投入应支付的利息。

如前文所述，本评估报告设定的投资利润率（18%），是作为自有资本（不存在因贷款而产生的利息）予以设定的。此处利息（财务费用）设定为 0，实际的利息在利润计算过程中一并考虑。

5）得出开发成本（Z）

开发成本（Z）为上述费用之和，即

$$Z = Z_1 + Z_2 + Z_3 + Z_4 = 15 + 0 + 403 + 0 = 418（万元）$$

（3）海域开发利润（I）

可以以海域总价格（V）为基数，根据由海域使用类型、开发周期和所处地社会经济条件综合确定的海域投资回报率来计算海域开发利润。参

考《企业绩效评价标准值》（2019 版），本项目宗海地处 A 市，为旅游娱乐用海，结合旅游业平均资本收益率的良好值以及开发周期、评估人员实地咨询调研结果，以 18% 作为评估对象海域的整体开发利润。

$$I = V \times 18\% = 1180.6706 \times 18\% = 212.5207（万元）$$

（4）宗海价格（P）

$$P = V - Z - I = 1180.68 - 418 - 212.5207 = 550.1593（万元）$$

根据评估目的，采用剩余法，在满足海域价格定义及全部假设和限制条件的情况下，经评定估算确定评估对象在评估基准日（2020 年 3 月 1 日）的海域使用权价格为 550.1593 万元。该结果扣除海域价格定义中包含的前期费用之后，相较于最新的海域使用金标准溢价 67.96%。

二、基于剩余法评估某旅游基础设施（游艇码头）用海价格

（一）本宗海域价格定义

旅游基础设施用海指旅游区内为满足游人旅行、游览和开展娱乐活动需要而建设的配套工程设施所使用的海域，包括旅游码头、游艇码头、引桥、港池、堤坝、游乐设施、景观建筑、旅游平台、高脚屋、旅游用人工岛及宾馆饭店等所使用的海域。

本宗用海位于 A 市某县海域，海域开发后用于建设游艇码头，规划泊位 390 个。本项目平面布置如图 7-2 所示。本项目用海类型的一级类型为旅游娱乐用海，二级类型为旅游基础设施用海；用海方式的一级方式为构筑物，二级方式分别为透水构筑物和非透水构筑物；宗海面积 13.4035 公顷，其中透水构筑物用海 12.7784 公顷，非透水构筑物用海 0.6251 公顷；宗海使用年期设定为 25 年。本次评估设定评估对象宗海开发程度为空置海域，无用海设施及其他附属物，尚未开展前期工作，且不存在海域利益相关者补偿。本次评估基准日期为 2020 年 6 月 1 日。

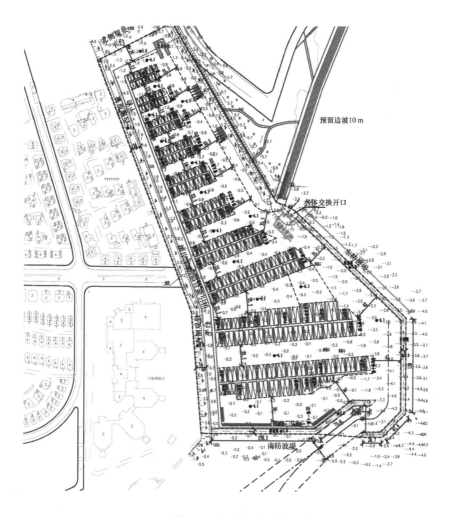

图 7-2 本项目平面布置

（二）剩余法评估过程

剩余法适用于待估海域具有开发或再开发潜力的情况，是指在预计开发完成后海域项目（就本项目而言，开发完成后的海域即 A 市游艇码头）的正常市场价格基础上，扣除预计尚需投入的正常开发成本、利润和利息等，以价值余额来估算海域价格的一种方法。

具体公式为

$$P = V - Z - I$$

（1）项目开发完成后的价格（V）

上式中，海域开发完成后的价格即 A 市游艇码头的价格，并假设该用海方式为最佳开发方式。采用收益法确定开发完成后不动产的总价。项目宗海属于旅游娱乐用海，海域使用年期为 25 年，其中建设期为 2 年，取得收益期为 23 年。

1）计算年纯收益（a_i）

年纯收益（a_i）= 年租金总收入（Y_i）− 年总费用（C_i）

①计算年租金总收入（Y_i）

评估人员通过调查 A 市游艇行业的发展状况，了解到目前游艇的经营方式主要有两种。一种是泊位出租管理营运模式；另一种是泊位出售运营模式。通过调研了解，泊位出租管理营运模式盈利情况更好，因此本次评估设定待估海域开发完成后的运营模式为出租模式。评估人员咨询了其他游艇帆船港的营运情况作为确定本宗用海收益的参考。

根据评估人员调研了解，在评估基准日，A 市其他游艇帆船港泊位停靠价格为每英尺（1 英尺 =0.9144 米）每天 8 元，折合 9580.05 元 /（米·年）（不含管理服务费）；管理费为每英尺每月 20 元，折合 787.40 元 /（米·年）。将停泊费与管理费相加，可得到某游艇帆船港泊位年租金

$$P_{r2} = 9580.05 + 787.40 = 10\ 367.45\ 元 / 米$$

考虑到地理位置、配套设施情况、自然环境等因素均会影响到游艇码头的出租价格，故需要对某游艇帆船港码头的出租价格做适当修正，以此估算待估海域码头的出租价格。

经评估人员实地调研比较，综合考虑了两处游艇码头出租价格的影响因素后，最终采用 A 市土地基准价格 [①]（酒店用地基准价格）比较的结果，

---

①当前实施的《A 市城镇土地基准地价》按用途将土地分为 8 类。分别为：1. 商业用地，含商场、酒店、超市、各类批发场所（零售市场、金融保险营业场所）；2. 居住用地，指住宅、公寓、别墅等用地；3. 办公用地，含各行业办公楼、各类写字楼、经营管理总部类等用地；4. 酒店用地，含宾馆、酒店、公寓式酒店、旅馆、招待所、旅游度假村等用地；5. 营利性医疗教育用地，含营利性民办医疗用地、营利性民办教育用地、营利性养老项目等用地；6. 经营性公用设施产业用地：含会展、港口、码头、物流（运输型）、大型演艺娱乐、体育设施等用地；7. 软件及研发用地：含科研研发用地、科技成果转化研发等研发类项目、软件开发、动漫游戏、集成电路及嵌入式等设计服务、互联网、云计算、数字出版、IT 产业、文化创意中的设计服务、新媒体等用地；8. 工业用地：指厂房、仓库、堆场等生产性用地。

作为两处游艇码头出租价格的修正依据。这是因为土地基准价格制定过程中，也是综合考虑了交通条件、基准设施、区域规划等一系列影响因素，而这些影响因素也恰是海域价格评估中需要考虑的。

具体估算公式为

$$P_{r1} = P_{r2} \times \frac{P_{l1}}{P_{l2}}$$

式中：

P_{r1}—— 待估海域游艇码头的出租价格；

P_{r2}—— 比较实例游艇码头的出租价格；

P_{l1}—— 待估海域游艇码头所在区域的酒店用地基准地价；

P_{l1}—— 比较实例游艇码头所在区域的酒店用地基准地价。

根据当前实施的《A 市城镇土地基准地价》，比较实例游艇码头所在区域的酒店用地属于"F2"类，基准地价为 2400 元/平方米；待估海域游艇码头依托陆域的酒店用地属于"J1 集"类，基准地价为 1700 元/平方米。

根据上文公式可计算出待估海域游艇码头的出租价格 P_{r1}。

其中，基于比较实例游艇码头修正得到的码头租金为

$$P_{r1} = 10\,367.45 \times \frac{1700}{2400} \approx 7343.6104 \; [元/（米·年）]$$

根据《该项目游艇码头工程可行性研究报告》，该宗用海共布置经营性游艇泊位 390 个（包括 10 米以上游艇泊位 314 个，摩托艇泊位 76 个），泊位总长度约为 5243 米。

由此，在假设码头实现设计最大利用率的前提下，可计算出该区域用海项目的年总收入 Y_i。

$$Y_i = 7343.6104 \times 5243 \approx 3850.2549 （万元/年）$$

②计算年总费用（C_i）

年总费用包括管理费用、营业成本、营销费用、财务费用、税金和经营利润。

A. 管理费用

管理费用是指对游艇码头租赁进行必要管理所支付的费用。

根据评估人员对 A 市游艇的调研结果，此处按年总收入的 5% 计算管

理费用。

$$管理费用 = 3850.2549 \times 5\% \approx 192.5127（万元/年）$$

B. 营业成本

营业成本包含服务人员工资、维修费和清淤费用。

a. 服务人员工资区别于管理人员工资，只是服务于项目经营的人员的工资费用。此处按照年总收入的 5% 计算。

$$服务人员工资 = 3850.2549 \times 5\% \approx 192.5127（万元/年）$$

b. 维修费是指每年保证防波堤、码头等正常使用所需支付的修缮费。此处以报告中总工程费用 17 639.18 万元的 1.5% 计算。

$$维修费 = 17\ 639.18 \times 1.5\% = 264.5877（万元/年）$$

c. 清淤费用是为保证游艇航道正常运行而进行港池、港道疏浚所支付的费用。根据《该项目海域使用论证报告书（报批稿）》数模分析结果，本项目采用重力式沉箱结构（推荐方式）建成后，泊位、港池区域存在回淤现场，最高淤积量为 4 厘米/年。项目用海面积 13.4035 公顷，则每年周期性清淤 5361.4 立方米。清淤物需运输到 50 千米外的倾废区倾倒。

在清淤各项成本数据设定方面，本报告基于该市机场建设海砂开采工程的调研数据，设定清淤成本为 13.31 元/立方米，运输成本为 0.35 元/（立方米·千米）。

由此计算年清淤费用：

$$清淤费用 = 5361.4 \times 13.31 + 50 \times 5361.4 \times 0.35 \approx 16.5185（万元/年）$$

d. 将上述 3 项成本相加可以得到：

$$年营业成本 = 192.5127 + 264.5877 + 16.5185 = 473.6189（万元）。$$

C. 营销费用

营销费用包括销售的广告宣传费、委托营销代理费、营销奖励费等支出。根据评估人员对该市游艇码头运营的调研结果，此处按年总收入的 5% 计算年营销费用。

$$营销费用 = 3850.2549 \times 5\% \approx 192.5127（万元/年）$$

D. 财务费用

财务费用是项目运营期间的资金占用成本。本评估报告设定的投资利润率（10%），是作为自有资本（不存在因贷款而产生的利息）予以设定的，所以该利润率其实包含利息和扣除利息后的纯利润之和。因此，为避免重复计算，此处利息（财务费用）设定为 0，实际的利息在利润计算过程中一并考虑。

E. 税金

税金是指按规定向税务部门缴纳的相关税费。此处主要考虑增值税及各类附加税等。

2016 年 5 月 1 日起开始实行增值税，本项目按一般纳税人考虑，增值税税率为 6%（按简易办法 6% 征收，但不能再行进项抵扣）。除了增值税，主要税金还附加城市建设税 7%、教育费附加 3%、地方教育费附加 2%、印花税 0.003%，合计为

$$6\% + 6\% \times (7\% + 3\% + 2\%) + 0.003\% = 6.723\%。$$

$$税金 = 3850.2549 \times 6.723\% \approx 258.8526（万元 / 年）$$

F. 经营利润

年经营利润以管理费用、营业成本、营销费用和税金为基数，参考《企业绩效评价标准值》（2020 版），结合旅游业年投资收益率，同时考虑本宗项目的特殊条件，以 10% 作为经营利润。

$$经营利润 = (192.5127 + 473.6189 + 192.5127 + 258.8526) \times 10\%$$
$$\approx 111.7497（万元 / 年）$$

年总费用

将管理费用、营业成本、营销费用、财务费用、税金和经营利润相加得到年总费用：

$$C_i = 192.5127 + 473.6189 + 192.5127 + 0 + 258.8526 + 111.7497$$
$$= 1229.2466（万元）$$

③计算年纯收益（a_i）

由此可计算本游艇项目假设开发完成之后的不动产纯收益。

$$a_i = 3850.2549 - 1229.2466 = 2621.0083（万元 / 年）$$

2）确定还原利率（r_1）

海域还原利率是用以将海域纯收益还原为海域价格的比率。本次评估

中采用安全利率加风险调整值之和计算。

$$还原利率 = 安全利率 + 风险调整值$$

①安全利率：取最新 3 年期银行定期存款利率（2.75%）与 3 年期国债利率（4%）的平均值，即 3.375%。

②风险调整值：根据本次估价对象的用途、A 市经济发展情况、游艇产业发展状况、自然环境状况等综合分析，评估人员对该用海项目的风险值进行打分，详见表 7–12，取风险调整值为 5%。

表 7–12　风险调整值

	调整因素	调整内容	取值
1	社会经济发展状况	A 市近年来经济稳步增长，且重视环境保护，拥有"国际花园城市""国家卫生城市""国家园林城市""国家环保模范城市""中国优秀旅游城市"和"全国十佳人居城市""联合国人居奖""全国文明城市"等殊荣 随着市民人均产值提高，对游艇产业需求日益增加	1%
2	游艇产业发展状况	A 市是国内第二个被授予"中国游艇产业发展基地"的城市。重视游艇产业的发展，游艇业已经发展成为 A 市海洋经济越来越重要的组成部分。但调研了解到，目前 A 市游艇产业运营收益情况略差	2%
3	自然环境状况	项目用海区位于内湾，风浪条件良好。但该区域存在淤积的风险，根据数学模型预测，最高淤积量为 4 厘米 / 年	2%
	合计		5%

③确定还原利率（r_1）：

还原利率 = 安全利率 + 风险调整值 = 3.375% + 5% = 8.375%

3）计算海域开发后的价格（V）

项目用海期限为 25 年，确定的工程建设工期为 2 年，则海域开发后收益期为 23 年，项目在第 3 年取得收益。

$$V = \frac{1}{(1+r_1)^2} \times (a_i/r_1) \times \left[1 - 1/(1+r_1)^n\right]$$

$$= \frac{1}{(1+8.375\%)^2} \times (2621.0083/8.375\%) \times \left[1 - 1/(1+8.375\%)^{23}\right]$$

$$\approx 22\ 455.1879（万元）$$

（2）开发成本（Z）

开发成本包括海域取得费、海域补偿费、工程费用、清淤费用和开发利息。

1）海域取得费（Z_1）

评估对象宗海为国家所有，尚未设定海域使用权，其取得费主要考虑海域取得相关专业前期费用，包括海洋环评、海域论证、地质勘探、通航安全论证等内容。各项专业前期工作收费标准的预估是在参照《海域使用论证收费标准（试行）》《国家计委、国家环境保护总局关于规范环境影响咨询收费有关问题通知》（计价格〔2002〕125 号）、《建设项目前期工作咨询收费暂行规定》等收费标准的基础上，根据评估单位实际工作经验予以确定。前期费用明细见表 7–13，项目整体前期费用总计 235 万元。

表 7–13　前期费用明细

序号	项目名称	费用 / 万元	计价标准
1	海域使用论证、环境监测及数模	100	《海域使用论证收费标准（试行）》
2	环境影响评价	40	计价格〔2002〕125 号
3	工程可行性研究	25	计价格〔1999〕1283 号
4	水深测量	15	计价格〔1999〕1283 号
5	地质勘探	20	计价格〔1999〕1283 号
6	通航安全论证	35	
7	总计	235	

2）海域补偿费（Z_2）

在海域价格定义中，本报告设定评估对象宗海开发程度为空置海域，无用海设施及其他附属物，尚未开展前期工作，且不存在海域利益相关者补偿。因此 $Z_2 = 0$。

3）工程费用（Z_3）

根据《本项目游艇码头工程可行性研究报告》，本项目工程费用约 17 639.18 万元，其他费用约 1593.83 万元，合计 19 233.01 万元，工程费用明细见表 7–14。

4）清淤费用（Z_4）

待估海域所有清淤工程均由竞得人负责。根据《本项目游艇码头工程可行性研究报告》，系泊水域底高程取值 − 6.3 米（1985 国家高程基准面），则需清淤 52.35 万立方米，清淤物需运输到 50 千米外的倾废区倾倒。

表 7–14　工程费用明细

序号	工程或费用项目名称	金额 / 万元
一	工程费用	17 639.18
（一）	水工主体	15 679.03
1	疏浚工程	2041.46
2	防波堤工程	4545.55
3	游艇码头	5254.93
4	观景平台	2918.19
5	起吊泊位	172.99
6	边坡加固	745.91
（二）	临时工程	335.00
（三）	配套工程	1625.15
1	装卸工艺	510
2	通信工程	10.96
3	供电照明	859.31
4	给排水及消防工程	206.88
5	环保工程	38
二	其他费用	1593.83
（一）	建设单位管理费	179.92
（二）	工程监理费	338.49
（三）	环境监测费	103.23
（四）	前期工作费	199.22
（五）	勘察设计费	632.00
（六）	设计审查费	35.00
（七）	联合试运转费	9.68
（八）	人员培训及提前进场费	3.60
（九）	工器具及生产家具购置费	9.00
（十）	扫海费	5.41
（十一）	工程保险费	52.92

序号	工程或费用项目名称	金额 / 万元
（十二）	招标代理费	25.36
总费用合计		19 233.01

数据来源：本项目游艇码头工程可行性研究报告。

清淤费用在工程费用（Z_3）中已经体现，故不再单独计算。

$$Z_4 = 0$$

5）开发利息（Z_5）

以尚需投入的开发成本为基数，按照项目开发程度的正常开发周期、各项费用投入期限和年利息率，分别估计各期投入应支付的利息。

本评估报告设定的投资利润率（10%），是作为自有资本（不存在因贷款而产生的利息）予以设定的，所以该利润率其实包含利息和扣除利息后的纯利润之和。因此，为避免重复计算，此处利息（财务费用）设定为0，实际的利息在利润计算过程中一并考虑。

6）未贴现、未扣除残值的开发成本（Z'）

开发成本（Z'）为上述1）至5）之和，为：

$$Z' = Z_1 + Z_2 + Z_3 + Z_4 + Z_5 = 235 + 0 + 19\,233.01 + 0 + 0 = 19\,468.01（万元）$$

7）贴现以及扣除残值后的开发成本（Z）

因为项目开发期为2年，此处假设开发成本在第一年投入60%，第二年投入40%；并假设资金在第一年、第二年均为均匀投入，则第一年60%投入的贴现期取0.5年，第二年40%投入的贴现期取1.5年。

另外，项目建成后使用期限为23年，使用结束后尚有部分残值。本评估以5%作为残值比例，从总投入中予以扣除。

$$Z' = \frac{Z' \times 60\%}{(1+r_1)^{0.5}} + \frac{Z' \times 40\%}{(1+r_1)^{1.5}} - Z' \times 5\%$$

$$= \frac{19\,468.01 \times 60\%}{(1+8.375\%)^{0.5}} + \frac{19\,468.01 \times 40\%}{(1+8.375\%)^{1.5}} - 19\,468.01 \times 5\%$$

$$\approx 17\,149.2029（万元）$$

（3）海域开发利润（I）

此次评估以海域开发成本（Z）为基数，根据由海域使用类型、开发周期和所处地社会经济条件综合确定的海域投资回报率来计算海域开发利润。参考《企业绩效评价标准值》（2020 版），本项目宗海地处 A 市，为旅游娱乐用海，结合旅游业平均资本收益率以及开发周期，以 10% 作为评估对象海域的年开发利润率。

根据报告，本项目开发周期为 2 年，每年的投入比例依次设定为 60%、40%，即 60% 的开发费用需要计算其 2 年的利润，40% 的开发费用需要计算其 1 年的利润。

则海域开发利润为

$$I = 60\% \times Z \times 10\% \times 2 + 40\% \times Z \times 10\% \times 1$$
$$= 60\% \times 17\,149.2029 \times 10\% \times 2 + 40\% \times 17\,149.2029 \times 10\% \times 1$$
$$\approx 2743.8725（万元）$$

（4）宗海价格（P）

$$P = V - Z - I = 22\,455.1879 - 17\,149.2029 - 2743.8725 = 2562.1125（万元）$$

根据评估目的，采用剩余法，在满足海域价格定义及全部假设和限制条件下，经评定估算确定评估对象在评估基准日（2020 年 6 月 1 日）的海域使用权价格为 2562.1125 万元。该结果相较于最新的海域使用金标准溢价 85.59%。

三、基于市场比较法评估某旅游基础设施用海和游乐场用海价格

（一）本宗海域价格定义

旅游基础设施用海和游乐场用海的定义分别见本章第一部分和第二部分相关内容。

本宗用海位于 A 市某县海域，海域开发后用于游客游览观光、娱乐休

闲、海上运动等旅游娱乐活动。本项目由浮平台、人行浮桥和海上运动娱乐区组成。浮平台上布置有垂钓观景平台、游客休息区、活动平台，出让用海面积 0.6302 公顷。海上运动娱乐区位于浮平台四周，作为本项目海上旅游休闲娱乐配套的海域来使用，主要用于海上观光和海上摩托艇活动，用海面积 6.0060 公顷。本项目平面布置如图 7-3 所示。

本项目浮平台和人行浮桥用海类型的一级类型为旅游娱乐用海，二级类型为旅游基础设施用海，海上运动娱乐区用海类型的一级类型为旅游娱乐用海游乐场用海。浮平台和人行浮桥用海方式的一级方式为构筑物，二级方式为透水构筑物，海上运动娱乐区用海方式的一级方式为开放式，二级方式为游乐场。宗海面积 6.8992 公顷（其中海上运动娱乐区用海面积 6.0060 公顷，浮平台用海面积 0.6302 公顷，人行浮桥用海面积 0.2630 公顷）；宗海使用年期设定为 25 年。本次评估设定评估对象宗海开发程度为空置海域，无用海设施及其他附属物，已开展海域使用论证、海域价格评估两项必要的前期工作，且不存在海域利益相关者补偿。本次评估基准日期为 2022 年 9 月 1 日。

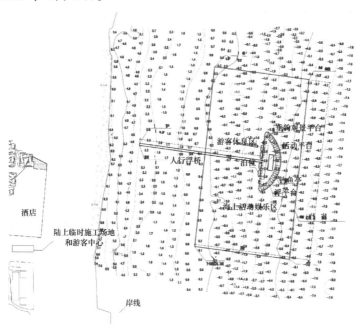

图 7-3　本项目平面布置示意

（二）市场比较法评估过程

市场比较法适用于海域市场较发达地区，具有充足的替代性的海域交易案例的情况。市场比较法是根据市场替代原理，将评估对象与具有替代性且在近期市场上已发生交易的实例做比较，根据两者之间的价格影响因素差异，在交易实例成交价格的基础上做适当修正，以此来确定海域价格。具体公式如下

$$P = P_b \times K_2 \times K_3 \times K_4 \times K_5$$

（1）比较实例的海域价格（P_b）

评估人员通过调研 A 市旅游娱乐用海的出让情况，了解到近年来通过招拍挂出让的海域使用权（旅游娱乐用海）有 3 宗与本宗用海位置接近。该 3 宗用海均为旅游娱乐用海，其价格定义为"仅为海域使用权价格，不含前期费用、补偿费等"；另外，该 3 宗用海均为开放式游乐场用海，而本宗用海除了开放式游乐场用海还包括透水构筑物用海，这几方面与本次评估略有差异。本报告评估的价格包含了海域前期费用，补偿费设定为 0。因此，可以在计算过程中先以 3 宗比较实例的用海成交价格为基础进行修正，计算不含前期费用的旅游娱乐用海海域使用权（开放式游乐场用海）价格；考虑到尽管用海方式有所差异，但是用海类型均为旅游娱乐用海，从整个产业角度来讲，海域对产业增长的贡献可以视为一致的，因此本报告再根据市场比较法计算得到的开放式游乐场用海相较于海域金标准的溢价幅度计算本宗海域透水构筑物用海价格，最后再按实际支付情况增加前期费用成本。

3 宗案例分别为 A 市 1 号旅游娱乐用海项目、A 市 2 号旅游娱乐用海项目、A 市 3 号旅游娱乐用海项目。A 市 1 号旅游娱乐用海项目建成后用于开发海上旅游娱乐；用海类型的一级类型为旅游娱乐用海，二级类型为游乐场用海；用海方式的一级方式为开放式，二级方式为游乐场；宗海面积 29.7048 公顷；用海期限为 25 年。A 市 2 号旅游娱乐用海项目建成后用于开发海上旅游娱乐；用海类型的一级类型为旅游娱乐用海，二级类型为游乐场用海；用海方式的一级方式为开放式，二级方式为游乐场；宗海面

积 29.6064 公顷；用海期限为 25 年。A 市 3 号旅游娱乐用海项目建成后用于开发海上旅游娱乐；用海类型的一级类型为旅游娱乐用海，二级类型为游乐场用海；用海方式的一级方式为开放式，二级方式为游乐场用海；宗海面积 25.0707 公顷；用海期限为 25 年。

比较实例各宗海具体情况见表 7-15，各宗用海单价（P_b）依次为：0.5470 万元/（公顷·年）、0.5627 万元/（公顷·年）和 0.5927 万元/（公顷·年）。

（2）海域使用年期修正系数（K_2）

上述比较实例中，均参照该省海域使用金征收管理办法，海域使用金标准按年计算，且出让年期均为最高的 25 年，此处设定年期修正系数均为 1，即

本宗用海与实例 1 号用海的年期修正系数：$K_{21} = 1$；

本宗用海与实例 2 号用海的年期修正系数：$K_{22} = 1$；

本宗用海与实例 3 号用海的年期修正系数：$K_{23} = 1$。

表 7-15　交易实例

序号	实例 1 号	实例 2 号	实例 3 号
宗海名称	A 市 1 号旅游娱乐用海项目	A 市 2 号旅游娱乐用海项目	A 市 3 号旅游娱乐用海项目
出让方式	挂牌	挂牌	挂牌
成交时间	2020.06.15	2020.06.15	2020.06.15
用海类型	旅游娱乐用海	旅游娱乐用海	旅游娱乐用海
用海方式	游乐场	游乐场	游乐场
用海期限	25 年	25 年	25 年
位置	B 湾北部	C 湾北部	C 湾南部
成交价格	0.5470 万元/（公顷·年）	0.5627 万元/（公顷·年）	0.5927 万元/（公顷·年）
其他	仅为海域使用权价格，不含前期费用、利益相关者补偿费、生态补偿费等	仅为海域使用权价格，不含前期费用、利益相关者补偿费、生态补偿费等	仅为海域使用权价格，不含前期费用、利益相关者补偿费、生态补偿费等

（3）估价期日修正系数（K_3）

上述 3 宗比较实例用海的成交日期均为 2020 年 6 月 15 日。与本宗用

海评估基准日（2022 年 9 月 1 日）相距时间为 2.21 年。

由于缺少历年海域使用权市场交易价格方面的统计，难以精确估算旅游娱乐用海海域价格的变化幅度。评估人员调研了项目区周边商服用地的价格指数变动情况，总体商服用地价格稳定，未有明显变化。而该县海域资源，受其稀缺性影响，近年来成交价格总体略有提高（主要为养殖用海）。因此，评估人员根据经验判断，该期间旅游娱乐用海价格变化幅度较小，本次评估按照 2% 的年增长幅度进行设定，由此计算 2.21 年的修正系数应该为 1.0447，即

本宗用海与实例 1 号用海的基准日修正系数：$K_{31} = 1.0447$；

本宗用海与实例 2 号用海的基准日修正系数：$K_{32} = 1.0447$；

本宗用海与实例 3 号用海的基准日修正系数：$K_{33} = 1.0447$。

（4）交易情况修正系数（K_4）

3 宗比较实例用海通过挂牌的形式出让，与本宗用海拟出让形式相同。故设定本宗用海与上述 3 宗比较实例用海的交易情况修正系数均为 1，即

本宗用海与实例 1 号用海的交易情况修正系数：$K_{11} = 1$；

本宗用海与实例 2 号用海的交易情况修正系数：$K_{12} = 1$；

本宗用海与实例 3 号用海的交易情况修正系数：$K_{13} = 1$；

（5）价格影响因素修正系数（K_5）

主要从区域位置、距旅游区距离、距城区距离、功能区划符合性、生态红线符合性、交通条件、海域水质条件等几个方面将待估海域与上述 3 宗用海实例的价格影响因素进行比较（见表 7–16）。

设定本宗用海的各因素得分均为 100，根据各比较因素的具体属性特征对 3 宗比较实例用海各因素予以赋值。赋值结果见表 7–17。

由表 7–17 可依次计算本宗用海涉及的游乐场用海与其余 3 宗用海实例的价格影响因素修正系数。

本宗游乐场用海与实例 1 号用海的价格影响因素修正系数：

$$K_{51} = \frac{100}{100} \times \frac{100}{88.5} \times \frac{100}{100} \times \frac{100}{100} \times \frac{100}{100} \times \frac{100}{75} \times \frac{100}{100} \times \frac{100}{100} \approx 1.5066$$

表 7–16　价格影响因素比较

宗海名称	本宗用海	实例 1 号海域使用权	实例 2 号海域使用权	实例 3 号海域使用权
区域位置	C 湾中部	B 湾北部	C 湾北部	C 湾南部
距旅游区距离	在景区内	在景区内	在景区内	在景区内
距城区距离	6.2 千米	8.5 千米	6.1 千米	6.3 千米
功能区划符合性	符合	符合	符合	符合
生态红线符合性	符合	符合	符合	符合
交通条件	路网发达、可达性和便利性好	路网发达、可达性和便利性好	路网发达、可达性和便利性好	路网发达、可达性和便利性好
后方陆域配套设施完善度	配套完善	一般偏差	一般偏差	一般
风浪条件	风浪条件好	风浪条件好	风浪条件好	风浪条件好
海域水质条件	优	优	优	优

表 7–17　价格影响因素赋值结果

宗海名称	本宗用海	实例 1 号海域使用权	实例 2 号海域使用权	实例 3 号海域使用权
区域位置	100	100	100	100
距城区距离	100	88.5	100.5	99.5
功能区划符合性	100	100	100	100
生态红线符合性	100	100	100	100
交通条件	100	100	100	100
后方陆域配套设施完善度	100	75	75	80
风浪条件	100	100	100	100
海域水质条件	100	100	100	100

本宗游乐场用海与实例 2 号用海的价格影响因素修正系数：

$$K_{52} = \frac{100}{100} \times \frac{100}{100.5} \times \frac{100}{100} \times \frac{100}{100} \times \frac{100}{100} \times \frac{100}{75} \times \frac{100}{100} \times \frac{100}{100} \approx 1.3267$$

本宗游乐场用海与实例3号用海的价格影响因素修正系数：

$$K_{53} = \frac{100}{100} \times \frac{100}{99.5} \times \frac{100}{100} \times \frac{100}{100} \times \frac{100}{100} \times \frac{100}{80} \times \frac{100}{100} \times \frac{100}{100} \approx 1.2563$$

（6）待估海域使用权单价（P'）

根据上文市场比较法的公式，可计算本宗海域游乐场用海使用权价格（P'）。

根据实例1号海域使用权修正得到的本宗海域游乐场用海使用权价格 P_1 为

$$P_1 = P_{b1} \times K_{21} \times K_{31} \times K_{41} \times K_{51}$$
$$= 0.5470 \times 1 \times 1.0447 \times 1 \times 1.5066 \approx 0.8609 [万元/（公顷·年）]$$

根据实例2号海域使用权修正得到的本宗海域游乐场用海使用权价格 P_2 为

$$P_2 = P_{b2} \times K_{22} \times K_{32} \times K_{42} \times K_{52}$$
$$= 0.5627 \times 1 \times 1.0447 \times 1 \times 1.3267 \approx 0.7799 [万元/（公顷·年）]$$

根据实例3号海域使用权修正得到的本宗海域游乐场用海使用权价格 P_3 为

$$P_3 = P_{b3} \times K_{23} \times K_{33} \times K_{43} \times K_{53}$$
$$= 0.5927 \times 1 \times 1.0447 \times 1 \times 1.2563 \approx 0.7799 [万元/（公顷·年）]$$

取上述3个修正结果的算术平均值，得到本宗海域开放式游乐场用海使用权的单价 P'_{wx}：

$$P'_{wx} = (P_1 + P_2 + P_3) / 3 \approx 0.8061 [万元/（公顷·年）]$$

设定开放式游乐场用海价格相较于开放式游乐场用海使用金标准的溢价幅度为本项目旅游娱乐用海的透水构筑物用海部分的溢价，由此可计算得到本宗海域透水构筑物用海使用权的单价 P'_{fs}。即

$$P'_{fs} = \frac{0.8062}{0.43} \times 1.16 \approx 2.1749 [万元/（公顷·年）]$$

（7）宗海价格（P）

本宗海面积6.8992公顷（其中开放式游乐场用海6.0060公顷，透水构筑物用海0.8932公顷）乘以上文计算的海域使用权单价及年期（本报

告根据自然资源主管部门实际管理经验，假设按年缴纳的海域使用金变为一次性缴清时无须考虑贴现率），同时加上海域使用前期费用，可计算得到该宗用海在本报告价格定义下的价格。根据与该县自然资源主管部门沟通，确定前期费用为 33.5 万元。

$$P = 0.8062 \times 6.0060 \times 25 + 2.1749 \times 0.8932 \times 25 + 33.5 \approx 203.1164（万元）$$

　　根据评估目的，采用市场比较法，在满足海域价格定义及全部假设和限制条件的情况下，经评定估算确定评估对象在评估基准日（2022 年 9 月 1 日）的海域使用权价格为 203.1164 万元。该结果扣除海域价格定义中包含的前期费用之后，相较于最新的海域使用金标准溢价 87.49%。

四、基于收益还原法评估某浴场用海价格

（一）本宗海域价格定义

浴场用海指专供游人游泳、嬉水的海域。

　　本宗用海位于 A 市某海域，海域开发后用于滨海浴场建设。根据本项目可行性研究报告，海滨游泳场的涉海建设内容仅包括设置海上拦网，海上拦网设施包括危险区域标志、安全防护网网体、沉块和浮球等；陆域配套淋浴室、更衣室、洗手间、急救室、瞭望台、值班室及仓库等设施，配套设施总建筑面积约 1000 平方米，可满足高峰时两千人同时使用。

　　本项目用海类型的一级类型为旅游娱乐用海，二级类型为浴场用海；用海方式的一级方式为开放式，二级方式为浴场；宗海面积 9.6000 公顷；宗海使用年期设定为 25 年。本次评估设定评估对象宗海开发程度为空置海域，无用海设施及其他附属物，已开展海域使用论证、海域价格评估两项必要的前期工作，且不存在海域利益相关者补偿。本次评估基准日期为 2022 年 6 月 1 日。本项目平面布置如图 7-4 所示。

（二）收益还原法评估过程

　　对于能够计算现实收益或潜在收益的海域，可采用收益还原法评估海

域价格，即按一定的还原利率，将海域未来每年预期收益折算至评估基准日，以折算后的纯收益总和作为海域价格。

具体公式为

$$P = \sum_{i=1}^{n} \frac{a_i}{(1+r_1)(1+r_2)\cdots(1+r_i)}$$

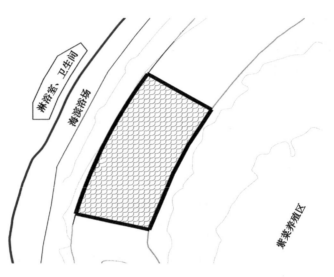

图 7-4　本项目平面布置

（1）计算年纯收益（a_i）

年纯收益（a_i）= 年总收入（Y_i）− 年总费用（C_i）

根据资源环境的容量计算标准，海滨浴场水域（海拔 0 ~ −2 米以内水面）的允许游人容量为 1000 ~ 2000 人 / 公顷。本次评估采用 1000 人 / 公顷的标准进行计算，则该宗用海最大理论日游人容量为

9.6000 × 1000 ≈ 9000 人次

滨海浴场经营季节约为 5 月 1 日至 10 月 1 日，在此期间受台风及大风影响平均一年 15 次，一次影响天数约 3 天，除去受影响的天数，一年可供经营天数约为 105 天。则年最大理论游人容量可为

9000 × 105 = 94.5 万人次。

将基于环境容量测算的最大理论游人容量作为浴场上限，但根据该项目客观条件，实际游客数量远达不到这一数值。项目可行性研究报告和项目用海论证报告中预估的游客数量为 40 000 人次，本次评估假设 50% 的游客会选择交费淋浴游泳，由此设定项目建成后会交费淋浴游泳的游客为 20 000 人次。未来 5 年游客数量会随着该区域滨海旅游的开发保持高速增长，年增长率设定为 9%（A 市 2021 年全市旅游接待人数 194.39 万人次，同比增长 9%）；第 6 至第 10 年，游客人数继续逐年增加，但增长率会降低，设定为 4.5%；第 11 至第 15 年，设定增长率降低为 2.25%；第 16 至第 25 年（达到海域使用权证书规定期限），设定增长率稳定在 1.13%。

由此可计算每年可接待游客量，见表 7-18。根据工程可行性研究报告，项目海上防护网施工期仅需 2~3 天，但陆上配套设施施工期需要 8 个月，由评估基准日延后 8 个月，已过了浴场适宜游泳时间，故本次评估按第 2 年开始正常经营来计算。由表 7-18 看出，预估到第 25 年选择交费淋浴的游客数量为 4.04 万人次，不会超过该宗浴场环境容量，而且后方陆域配套设施错峰使用也可以基本满足。

采用收益法确定开发完成后不动产的总价。项目宗海属于浴场用海，海域使用年期为 25 年，其中建设期为 8 个月（会错过第一年浴场适宜游泳时间），取得收益期设定为 24 年。

表 7-18　每年游客数量　　　　单位：万人次

经营年份	游客	经营年份	游客
第 1 年	0.00	第 14 年	3.53
第 2 年	2.00	第 15 年	3.61
第 3 年	2.18	第 16 年	3.65
第 4 年	2.38	第 17 年	3.69
第 5 年	2.59	第 18 年	3.73
第 6 年	2.71	第 19 年	3.77
第 7 年	2.83	第 20 年	3.82
第 8 年	2.96	第 21 年	3.86
第 9 年	3.09	第 22 年	3.90
第 10 年	3.23	第 23 年	3.95
第 11 年	3.30	第 24 年	3.99

经营年份	游客	经营年份	游客
第 12 年	3.37	第 25 年	4.04
第 13 年	3.45		

1）计算年总收入（Y_i）

通过评估人员调研，国内海滨浴场经营模式主要是通过配套淋浴设施，以更衣冲水收费的形式经营。比如，青岛第一海水浴场冷水淋浴、寄存物品单次收费 30 元，青岛石老人海水浴场冷水淋浴、寄存物品单次收费 30 元，青岛金沙滩海水浴场冷水淋浴单次收费 10 元，厦门椰风寨海水浴场冷水淋浴单次收费 15 元。

考虑到本宗浴场地理位置、配套设施情况、自然环境等因素，设定本项目单次冷水淋浴、寄存物品的价格为 20 元。

由此，在上文预估旅游人数前提下，可计算出该区域用海项目的年总收入，见表 7-19。

表 7-19　年总收入　　　　　　　　　　单位：万元

经营年份	总收入	经营年份	总收入
第 1 年	0.00	第 14 年	70.56
第 2 年	40.00	第 15 年	72.15
第 3 年	43.60	第 16 年	72.97
第 4 年	47.52	第 17 年	73.79
第 5 年	51.80	第 18 年	74.62
第 6 年	54.13	第 19 年	75.47
第 7 年	56.57	第 20 年	76.32
第 8 年	59.11	第 21 年	77.18
第 9 年	61.77	第 22 年	78.05
第 10 年	64.55	第 23 年	78.94
第 11 年	66.01	第 24 年	79.83
第 12 年	67.49	第 25 年	80.73
第 13 年	69.01		

2）计算年总费用（C_i）

年总费用包括管理费用、营业成本、营销费用、税金、财务费用和经营利润。

①管理费用

管理费用是指对浴场项目进行必要管理的费用，包括管理人员工资、物业费、企业办公费、业务执行费等。

根据评估人员对国内其他相关浴场的调研结果，此处按年总收入的3%计算年管理费用，见表7-20。

表7-20　年管理费　　　　单位：万元

经营年份	年管理费	经营年份	年管理费
第1年	0.00	第14年	2.12
第2年	1.20	第15年	2.16
第3年	1.31	第16年	2.19
第4年	1.43	第17年	2.21
第5年	1.55	第18年	2.24
第6年	1.62	第19年	2.26
第7年	1.70	第20年	2.29
第8年	1.77	第21年	2.32
第9年	1.85	第22年	2.34
第10年	1.94	第23年	2.37
第11年	1.98	第24年	2.39
第12年	2.02	第25年	2.42
第13年	2.07		

②营业成本

营业成本主要包括服务人员工资、能源水电费、设施维护费和设施折旧费。

a.服务人员工资

服务人员工资区别于管理人员劳务报酬，按照总收入的12%计算，见表7-21。

b. 能源水电费

能源水电费即水、电、天然气、柴油等费用。对于浴场用海，这笔费用主要体现在岸上配套设施淋浴的水电费用。此处以总收入的 5% 计算，见表 7–22。

c. 设施维护费

设施维护费是指对浴场相关配套设施维护的费用。

表 7–21　服务人员工资　　　　　　　　　　单位：万元

经营年份	服务人员工资	经营年份	服务人员工资
第 1 年	0.00	第 14 年	8.47
第 2 年	4.80	第 15 年	8.66
第 3 年	5.23	第 16 年	8.76
第 4 年	5.70	第 17 年	8.85
第 5 年	6.22	第 18 年	8.95
第 6 年	6.50	第 19 年	9.06
第 7 年	6.79	第 20 年	9.16
第 8 年	7.09	第 21 年	9.26
第 9 年	7.41	第 22 年	9.37
第 10 年	7.75	第 23 年	9.47
第 11 年	7.92	第 24 年	9.58
第 12 年	8.10	第 25 年	9.69
第 13 年	8.28		

表 7–22　能源水电费　　　　　　　　　　单位：万元

经营年份	能源费	经营年份	能源费
第 1 年	0.00	第 14 年	3.53
第 2 年	2.00	第 15 年	3.61
第 3 年	2.18	第 16 年	3.65
第 4 年	2.38	第 17 年	3.69
第 5 年	2.59	第 18 年	3.73
第 6 年	2.71	第 19 年	3.77
第 7 年	2.83	第 20 年	3.82
第 8 年	2.96	第 21 年	3.86

经营年份	能源费	经营年份	能源费
第 9 年	3.09	第 22 年	3.90
第 10 年	3.23	第 23 年	3.95
第 11 年	3.30	第 24 年	3.99
第 12 年	3.37	第 25 年	4.04
第 13 年	3.45		

根据项目可行性研究报告，本次评估项目的涉海建设内容仅包括设置海上拦网（5733 米）。海上拦网设施包括危险区域标志、安全防护网网体、沉块和浮球等；陆域配套淋浴室、更衣室、洗手间、急救室、瞭望台、值班室及仓库等设施，配套设施总建筑面积约 1000 平方米。通过咨询相关工程建设单位，海上拦网的成本（含网体、沉块、浮球、人工费）按 50 元 / 米计算；配套设施工程费用按 1000 元 / 平方米计算。总的工程费用为

$$5733 \times 50 + 1000 \times 1000 = 128.6650（万元）$$

此次评估以工程费用的 8% 作为年设施维护费，则设施维护费为每年 10.29 万元。

d. 设施折旧费

本项目设施包括海上拦网、淋浴室、更衣室、洗手间、急救室、瞭望台、值班室及仓库等设施，总的工程费用为 128.6650 万元。项目建成后可运营 24 年。因此，此次评估设定设施使用年期为 24 年，采用直线折旧法，计算得到每年设施折旧费为 5.36 万元。

将服务人员工资、能源水电费、设施维护费和设施折旧费相加即可以得到年营业成本，见表 7-23。

表 7-23　年营业成本

单位：万元

经营年份	营业成本	经营年份	营业成本
第 1 年	0.00	第 14 年	27.65
第 2 年	22.45	第 15 年	27.92
第 3 年	23.07	第 16 年	28.06
第 4 年	23.73	第 17 年	28.20

经营年份	营业成本	经营年份	营业成本
第 5 年	24.46	第 18 年	28.34
第 6 年	24.86	第 19 年	28.48
第 7 年	25.27	第 20 年	28.63
第 8 年	25.70	第 21 年	28.77
第 9 年	26.15	第 22 年	28.92
第 10 年	26.63	第 23 年	29.07
第 11 年	26.87	第 24 年	29.22
第 12 年	27.13	第 25 年	29.38
第 13 年	27.38		

③营销费用

营销费用包括销售的广告宣传费、委托营销代理费、营销奖励费等支出。此处按年总收入的 5% 计算年营销费用，见表 7–24。

表 7–24　年营销费用　　　　　　　　　　单位：万元

经营年份	营销费用	经营年份	营销费用
第 1 年	0.00	第 14 年	3.53
第 2 年	2.00	第 15 年	3.61
第 3 年	2.18	第 16 年	3.65
第 4 年	2.38	第 17 年	3.69
第 5 年	2.59	第 18 年	3.73
第 6 年	2.71	第 19 年	3.77
第 7 年	2.83	第 20 年	3.82
第 8 年	2.96	第 21 年	3.86
第 9 年	3.09	第 22 年	3.90
第 10 年	3.23	第 23 年	3.95
第 11 年	3.30	第 24 年	3.99
第 12 年	3.37	第 25 年	4.04
第 13 年	3.45		

④税金

税金是指按规定向税务部门缴纳的相关税费。此处主要考虑增值税及各类附加税等。

2016 年 5 月 1 日起开始实行增值税制，本项目按一般纳税人考虑，增值税税率为 6%（按简易办法以 6% 征收，但不能再行进项抵扣）。除了增值税，主要税金还附加城市建设税 7%、教育费附加 3%、地方教育费附加2%、印花税 0.003%，合计税负为

6.723%［6% + 6%×（7% + 3% + 2%）+ 0.003% = 6.723%］

年支付税金见表 7–25。

⑤财务费用

财务费用是项目运营期间的资金占用成本。评估基准日贷款利率按现行的 1 年期 LPR 贷款利率 +BP 的方式，同时结合银行实际贷款情况进行确定，将本评估报告利率设定为 4.35%。

表 7–25　年支付税金　　　　　　　单位：万元

经营年份	税金	经营年份	税金
第 1 年	0.00	第 14 年	4.74
第 2 年	2.69	第 15 年	4.85
第 3 年	2.93	第 16 年	4.91
第 4 年	3.20	第 17 年	4.96
第 5 年	3.48	第 18 年	5.02
第 6 年	3.64	第 19 年	5.07
第 7 年	3.80	第 20 年	5.13
第 8 年	3.97	第 21 年	5.19
第 9 年	4.15	第 22 年	5.25
第 10 年	4.34	第 23 年	5.31
第 11 年	4.44	第 24 年	5.37
第 12 年	4.54	第 25 年	5.43
第 13 年	4.64		

以年总费用中的管理费用、营业成本、营销费用、税金为基数，并假设这些费用每年均匀投入，则计息期取 1/2。由此计算的财务费用见

表 7-26。

表 7-26　财务费用

单位：万元

经营年份	财务费用	经营年份	财务费用
第 1 年	0.00	第 14 年	0.82
第 2 年	0.61	第 15 年	0.83
第 3 年	0.63	第 16 年	0.83
第 4 年	0.66	第 17 年	0.84
第 5 年	0.69	第 18 年	0.85
第 6 年	0.71	第 19 年	0.85
第 7 年	0.72	第 20 年	0.86
第 8 年	0.74	第 21 年	0.86
第 9 年	0.76	第 22 年	0.87
第 10 年	0.78	第 23 年	0.88
第 11 年	0.79	第 24 年	0.88
第 12 年	0.80	第 25 年	0.89
第 13 年	0.81		

⑥经营利润

以年总费用中的管理费用、营业成本、营销费用、税金为基数，计算年经营利润。利润率参考《企业绩效评价标准值》（2021 版），结合旅游业平均资本收益率以及开发周期，以 8% 作为评估对象投资回报率，由此计算的经营利润见表 7-27。

表 7-27　经营利润

单位：万元

经营年份	经营利润	经营年份	经营利润
第 1 年	0.00	第 14 年	3.04
第 2 年	2.27	第 15 年	3.08
第 3 年	2.36	第 16 年	3.10
第 4 年	2.46	第 17 年	3.12
第 5 年	2.57	第 18 年	3.15
第 6 年	2.63	第 19 年	3.17
第 7 年	2.69	第 20 年	3.19

续表

经营年份	经营利润	经营年份	经营利润
第 8 年	2.75	第 21 年	3.21
第 9 年	2.82	第 22 年	3.23
第 10 年	2.89	第 23 年	3.26
第 11 年	2.93	第 24 年	3.28
第 12 年	2.97	第 25 年	3.30
第 13 年	3.00		

将管理费用、营业成本、营销费用、税金、财务费用和经营利润相加即得到年总费用，见表 7–28。

表 7–28　年总费用　　　　　　　　　　　　单位：万元

经营年份	总费用	经营年份	总费用
第 1 年	0.00	第 14 年	41.90
第 2 年	31.22	第 15 年	42.45
第 3 年	32.48	第 16 年	42.74
第 4 年	33.85	第 17 年	43.03
第 5 年	35.34	第 18 年	43.32
第 6 年	36.16	第 19 年	43.61
第 7 年	37.01	第 20 年	43.91
第 8 年	37.90	第 21 年	44.21
第 9 年	38.83	第 22 年	44.52
第 10 年	39.80	第 23 年	44.83
第 11 年	40.31	第 24 年	45.14
第 12 年	40.83	第 25 年	45.45
第 13 年	41.36		

3）计算海域年纯收益（a_i）

总收入减去总费用可以得到项目建成后的年纯收益，见表 7–29。

（2）确定还原利率（r_1）

海域还原利率是用以将海域纯收益还原为海域价格的比率。本次评估中采用安全利率加风险调整值之和计算。

$$还原利率 = 安全利率 + 风险调整值$$

表 7–29　年纯收益　　　　　　　　单位：万元

经营年份	纯收益	经营年份	纯收益
第 1 年	0.00	第 14 年	28.66
第 2 年	8.78	第 15 年	29.70
第 3 年	11.12	第 16 年	30.23
第 4 年	13.67	第 17 年	30.76
第 5 年	16.46	第 18 年	31.30
第 6 年	17.97	第 19 年	31.86
第 7 年	19.56	第 20 年	32.41
第 8 年	21.21	第 21 年	32.97
第 9 年	22.94	第 22 年	33.53
第 10 年	24.75	第 23 年	34.11
第 11 年	25.70	第 24 年	34.69
第 12 年	26.66	第 25 年	35.28
第 13 年	27.65		

A. 安全利率：取最新 3 年期银行定期存款利率（2.75%）与 3 年期国债利率（4%）的平均值，即 3.375%。

B. 风险调整值：根据本次估价对象的用途、A 市经济发展情况、旅游产业发展状况、自然环境状况等综合分析，评估人员对该用海项目的风险值进行打分，详见表 7–30，取风险调整值为 6.5%。

表 7–30　风险调整值

	调整因素	调整内容	取值
1	社会经济发展状况	A 市近年来经济稳步增长，随着市民人均产值提高，对旅游娱乐产业需求日益增加，且 A 市周边游不断开展，对本项目有积极促进作用	1%
2	旅游产业发展状况	A 市近年来重视旅游产业发展，但总体旅游知名度较低，旅游规模较小，且受疫情影响严重	5%
3	自然环境状况	项目用海区域环境条件较好	0.5%
	合计		6.5%

C. 确定还原利率（r_1）：

还原利率 = 安全利率 + 风险调整值 = 3.375% + 6.5% = 9.875%

（3）宗海价格（P）

项目用海期限为 25 年，陆上配套设施施工期需要 8 个月，由评估基准日延后 8 个月，已过了浴场适宜游泳时间，故本次评估按第 2 年开始正常经营计算。

在 9.875% 还原利率基础上，可计算还原后的各年纯收益（表 7–31）。

表 7–31　还原后的各年纯收益　　　　　　　　单位：万元

经营年份	还原后纯收益	经营年份	还原后纯收益
第 1 年	0.00	第 14 年	7.6682
第 2 年	7.2727	第 15 年	7.2322
第 3 年	8.3832	第 16 年	6.6997
第 4 年	9.3894	第 17 年	6.2045
第 5 年	10.2786	第 18 年	5.7460
第 6 年	10.2130	第 19 年	5.3231
第 7 年	10.1176	第 20 年	4.9283
第 8 年	9.9850	第 21 年	4.5629
第 9 年	9.8389	第 22 年	4.2234
第 10 年	9.6513	第 23 年	3.9103
第 11 年	9.1211	第 24 年	3.6194
第 12 年	8.6114	第 25 年	3.3501
第 13 年	8.1285		

将各年还原后的年纯收益相加得到宗海价格，即 P = 174.4388 万元。

根据评估目的，采用收益还原法，在满足海域价格定义及全部假设和限制条件的情况下，经评定估算确定评估对象在评估基准日（2022 年 6 月 1 日）的海域使用权价格为 174.4388 万元。该结果扣除海域价格定义中包含的前期费用之后，相较于最新的海域使用金标准溢价 104.89%。

第八章 造地工程用海价格评估案例

一、基于剩余法评估某工业填海造地用海价格

（一）本宗海域价格定义

工业填海造地用海属于城镇建设填海造地用海，指通过筑堤围割海域，填成土地后用于城镇（此处指工业园区）建设的海域。

本宗用海位于 A 市某海域，用海目的为工业填海造地用海，填成土地后用于工业园区建设，土地类型确定为工业用地。宗海开发程度为已完成陆域回填并达到"五通一平"①。转化为工业用地后的具体规划控制指标见表 8–1 所示。

表 8–1 本项目填海后形成工业用地控制指标一览表

地块编码	地块一
容积率	1.5 ~ 3.0
用地性质	三类工业用地
建设用地面积 / 平方米	44 300
建筑密度 /%	30 ~ 60
建筑系数 /%	≥ 40
绿地率 /%	10 ~ 20
建筑高度 / 米	<42

本项目用海类型一级类型为工业用海，二级类型为其他工业用海；用海方式的一级方式为填海造地用海；二级方式为建设填海造地；宗海面积 4.43 公顷；宗海使用年期设定为 50 年。宗海开发完成后拟作为工业用地，

---

① "五通一平"即通电、通路、通上水、通下水、通信，场地平整。

用于建设厂房。本次评估设定评估对象宗海项目已完成海域利益相关者补偿及用海前期专业编制工作。本次评估基准日期为 2021 年 12 月 1 日。

（二）剩余法评估过程

剩余法适用于待估海域具有开发或再开发潜力的情况，是指在预计开发完成后海域项目（就本项目而言，开发完成后的海域即 A 市某填海造地用海项目）的正常市场价格基础上，扣除预计尚需投入的正常开发成本、利润和利息等，以价值余额来估算海域价格的一种方法。

具体公式为

$$P = V - Z - I$$

（1）项目开发完成后的价格（V）

本宗用海开发完成后的价格即该宗海域填成陆域后的工业用地价格。可采用市场比较法测算工业用地价格。

1）选择比较实例

选择与待估宗地邻近的 3 个交易实例作为比较对象（见图 8-1），分别介绍如下。

实例 1：用地面积 15 489 平方米，土地用途为工业用地，属 A 市工业用地二级区，宗地形状近似矩形，临街道路类型较优，交通便捷度优，环境条件一般，剩余使用年期为 50 年。区域入驻的工厂企业较多，产业聚集程度高。基础设施开发程度达到宗地红线外"五通"，红线内场地平整，地形地势好，地质条件好，挂牌出让，正常交易，交易时间为 2020 年 7 月，土地交易价格为 435.15 元 / 平方米。

实例 2：用地面积 3473 平方米，土地用途为工业用地，属 A 市工业用地二级区，宗地形状对土地利用有一定影响，临街道路类型优，交通便捷度优，环境条件一般，剩余使用年期为 50 年。区域入驻的工厂企业较多，产业聚集程度高。基础设施开发程度达到宗地红线外"五通"，红线内场地平整，地形地势好，地质条件好，挂牌出让，正常交易，交易时间 2020 年 9 月，土地交易价格为 431.90 元 / 平方米。

实例3：用地面积 10 466 平方米，土地用途为工业用地，属 A 市工业用地二级区，宗地形状对土地利用有一定影响，临街道路类型优，交通便捷度优，环境条件一般，剩余使用年期为 50 年。区域入驻的工厂企业较多，产业聚集程度高。基础设施开发程度达到宗地红线外"五通"，红线内场地平整，地形地势好，地质条件好，挂牌出让，正常交易，交易时间 2020 年 6 月，土地交易价格为 431.88 元 / 平方米。

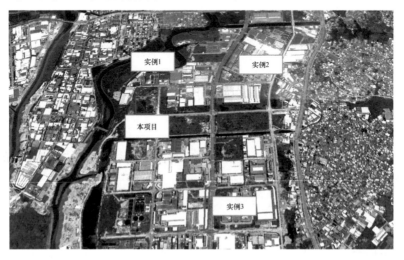

图 8–1　本项目与 3 宗比较实例位置

2）选择比较因素

在类似供需圈内，影响土地价格的因素主要有交易期日、交易情况、土地使用年期、区域因素和个别因素等。待估宗地为工业用途，根据对地价影响因素的分析，分别确定区域因素为临街道路类型、对外交通便利度、交通便捷度、基础设施条件、环境条件、产业聚集度；个别因素包括宗地形状、宗地面积、地形地势、地质。

3）因素条件说明

本宗项目与其余 3 宗比较实例的影响因素条件说明见表 8–2：

4）编制比较因素条件指数表

将待估宗地与比较实例的各项因素进行比较，根据各因素条件的具体差距以及地价对不同影响因素的敏感性，确定不同的指数水平。

表8-2 比较实例因素条件说明

		待估宗地	实例1	实例2	实例3
土地价格/（元·平方米）		待估	435.15	431.90	431.88
交易时间		2021.12	2020.07	2020.09	2020.06
交易情况		正常	正常	正常	正常
交易类型		挂牌	挂牌	挂牌	挂牌
土地使用年期		50年	50年	50年	50年
区域因素	临街道路类型	临接交通型次干道或混合型主干道	临接交通型次干道或混合型主干道	临接交通型主干道	临接交通型主干道
	对外交通便利度	距高速公路近	距高速公路近	距高速公路近	距高速公路近
	交通便捷度	交通便利	交通便利	交通便利	交通便利
	基础设施条件	五通	五通	五通	五通
	环境条件	一般	一般	一般	一般
	产业聚集度	密集	密集	密集	密集
个别因素	宗地形状	近似矩形	近似矩形	对土地利用有一定影响	对土地利用有一定影响
	宗地面积	中	较小	小	较小
	地形地势	平坦	平坦	平坦	平坦
	地质	填埋地，需要对地基做特殊处理	承载力一般，需要做相应处理	承载力一般，需要做相应处理	承载力一般，需要做相应处理

①期日修正

根据中国地价信息服务平台发布的A市工业地价水平值，2020年第二季度和第三季度A市工业地价水平值为663，2021年第三季度A市工业地价水平值为731。

因此，实例1、实例2和实例3的期日修正系数均为

$$731 \div 663 \approx 1.1026$$

②交易情况修正：如果可比实例的交易行为附有非正常因素，对交易价格产生了一定的影响，则应将其交易价格修正到正常水平。

③交易类型修正：由于交易类型均为挂牌，故修正系数为1。

④土地使用年期修正：如果交易价格所对应的土地使用年期不同，则应进行年期修正，修正公式为

$$K = [1-1/ (1+r)^{m}] / [1-1/ (1+r)^{n}]$$

式中：

K —— 年期修正系数；

r —— 土地还原利率（根据 A 市 2017 年基准地价应用方案取 6%）；

m —— 可比实例土地使用年期；

n —— 待估宗地土地使用年期。

⑤区域因素

临街道路类型：分为临接交通型主干道、临接交通型次干道或混合型主干道、临接交通型次干道或其他类型次干道、临接支干道／支路等、临接小巷或不临街 5 个等级，以待估宗地条件指数为 100，可比实例与之相比，每相差 1 个等级，指数相差 1%。

对外交通便捷度：分为 5 个等级，距高速公路距离近为优，距高速公路距离较近为较优，距高速公路距离适中为一般，距高速公路距离较远为较差，距高速公路距离远为差；以待估宗地条件指数为 100，可比实例与之相比，每相差 1 个等级，指数相差 1%。

交通便捷度：分为交通便利、交通较便利、交通基本满足出行要求、交通较不便利、交通不便利 5 个等级，以待估宗地条件指数为 100，可比实例与之相比，每相差 1 个等级，指数相差 1%。

基础设施条件：以待估宗地红线外"五通"为 100，可比实例与之相比，基础设施条件每增加或减少"一通"，指数相差 1%。

环境条件：分为优、较优、一般、较差、差 5 个等级，以待估宗地条件指数为 100，可比实例与之相比，每相差 1 个等级，指数相差 1%。

产业聚集度：按密集、较密集、一般、较稀疏、稀疏 5 个等级，以待估宗地条件指数为 100，可比实例与之相比，每相差 1 个等级，指数相差 2%。

⑥个别因素

宗地形状：分为矩形、近似矩形、较不规则但对土地利用无影响、不规则对土地利用有一定影响、很不规则对土地利用影响较大 5 个等级，以待估宗地条件指数为 100，可比实例与之相比，每相差 1 个等级，指数相差 1%。

宗地面积：分为大（>100 000平方米）、较大（50 000～100 000平方米）、中（30 000～50 000平方米）、较小（10 000～30 000平方米）、小（<10 000平方米）5个等级，以待估宗地条件指数为100，可比实例与之相比，每相差1个等级，指数相差1%。

地形地势：分为平坦、较平坦、一般、较陡、陡5个等级，以待估宗地条件指数为100，可比实例与之相比，每相差1个等级，指数相差1%。

地质：分为"地基坚固，不需要做加强处理""地基较稳固，略需处理""承载力一般，需要做相应处理""属于河、涌、湖泊沉积地段，需要对地基做加强处理""位于沼泽或湿地，或属于填埋地，需要对地基做特殊处理"5个等级，以待估宗地条件指数为100，可比实例与之相比，每相差1个等级，指数相差1%。

⑦编制比较因素条件指数表

根据上文中的赋值标准，可计算得到本宗项目与其余3宗比较实例的比较因素条件指数表（表8-3）。

表8-3　比较因素条件指数表

		待估宗地	实例1	实例2	实例3
	交易时间	—	1.1026	1.1026	1.1026
	交易情况	100	100	100	100
	交易类型	100	100	100	100
	土地使用年期	100	100	100	100
区域因素	临街道路类型	100	100	101	101
	对外交通便利度	100	100	100	100
	交通便捷度	100	100	100	100
	基础设施条件	100	100	100	100
	环境条件	100	100	100	100
	产业聚集度	100	100	100	100
个别因素	宗地形状	100	100	98	98
	宗地面积	100	99	98	99
	地形地势	100	100	100	100
	地质	100	102	102	102

⑧因素修正

将估价对象的因素条件指数与比较实例的因素条件指数进行比较,得到各因素修正系数(表8–4)。

表8–4　待估宗地比较因素修正系数表

		实例1	实例2	实例3
交易价格 / (元·平方米$^{-1}$)		435.15	431.9	431.88
交易时间		1.1026	1.1026	1.1026
交易情况		100/100	100/100	100/100
交易类型		100/100	100/100	100/100
土地使用年期		100/100	100/100	100/100
区域因素	临街道路类型	100/100	100/101	100/101
	对外交通便利度	100/100	100/100	100/100
	交通便捷度	100/100	100/100	100/100
	基础设施条件	100/100	100/100	100/100
	环境条件	100/100	100/100	100/100
	产业聚集度	100/100	100/100	100/100
个别因素	宗地形状	100/100	100/98	100/98
	宗地面积	100/99	100/98	100/99
	地形地势	100/100	100/100	100/100
	地质	100/102	100/102	100/102
修正系数积		1.0919	1.1144	1.1032
比准价格 / (元·平方米$^{-1}$)		475.14	481.31	476.45
估价对象评估价格 / (元·平方米$^{-1}$)			477.63	

由于3个比较案例修正后的比准价格差别不太大,因此采用算数平均来求取待估宗地市场比较法的土地价格,即477.63元/平方米。

5)地价的确定

综上,评估对象开发完成后的土地单价为477.63元/平方米。

则待估海域开发完成后的总价值,即

$$V = 477.63 \times 4.43 = 2115.9009 (万元)$$

（2）开发成本（Z）

剩余法中的开发成本是指按照海域设定开发程度至最终开发完成尚需投入的成本。经评估人员现场勘察和走访调查，待估海域已由政府投资建设完毕，并达到"五通一平"，因此待估海域尚需投入的开发成本为0，即

$$Z = 0（万元）$$

（3）海域开发利润（I）

可以以海域开发完成后的总价格（V）为基数，以根据海域使用类型、开发周期和所处地社会经济条件综合确定的海域投资回报率来计算。参考土地一级开发利润（一般为6%～10%），本项目开发完成后的土地类型为一级类工矿仓储用地，二级类工业用地，结合A市工业用地市场交易情况，以8%作为评估对象海域的整体开发利润。

$$I = V \times 8\% = 2115.9009 \times 8\% \approx 169.2721（万元）$$

（4）宗海价格（P）

$$P = V - Z - I = 2115.9009 - 0 - 169.2721 = 1946.6288（万元）$$

根据评估目的，采用剩余法，在满足海域价格定义及全部假设和限制条件的情况下，经评定估算确定评估对象在评估基准日（2021年12月1日）的海域使用权价格为1946.6288万元。该结果扣除海域价格定义中包含的前期专业费用、填海成本、补偿费用之后，相较于最新的海域使用金标准溢价7.58%。

二、基于剩余法评估某城镇建设填海造地用海价格

（一）本宗海域价格定义

城镇建设填海造地是指通过筑堤围割海域，填成土地后用于城镇建设的海域。

本宗用海位于A市某海域，用海目的为城镇建设填海造地用海，填成

土地后用于滨海新区城镇及配套设施建设，土地类型确定为居住用地、商业用地（商务金融用地）、教育科研用地、公用设施用地、行政办公用地、防护绿地等类型，各地块的建筑密度、容积率等条件详见表8–5，其中防护绿地、道路与交通设施用地、行政办公用地、教育科研用地、公用设施用地、行政办公用地由委托方确定为公益性质。

表8–5　本项目填海后形成土地规划指标

编号	土地用途	土地面积/平方米	建筑密度/%	容积率	绿地率/%
B–01	防护绿地	10 797			
B–02	教育科研用地	48 204	35	0.8	35
B–03	居住用地	23 030	20	2.5	30
B–04	防护绿地	1869			
B–05	商业用地	19 952	40	2.8	20
B–06	行政办公用地	3423	35	1.8	30
B–07	公园绿地	10 739			
B–08	商业用地	15 894	40	2.8	20
B–09	道路与交通设施用地	7763			
B–10	居住用地	45 548	20	2.5	30
B–11	公用设施用地	4035	35	1.5	30
B–12	居住用地	44 281	20	2.5	30
B–13	防护绿地	4548			
B–14	道路与交通设施用地	49 412			
B–15	公园绿地	46 804			
B–16	道路与交通设施用地	120			

　　本项目用海类型一级类型为造地工程用海，二级类型为城镇建设填海造地用海；用海方式的一级方式为填海造地，二级方式为建设填海造地；宗海面积33.6600公顷；宗海使用年期设定为50年。本次评估设定评估对象宗海开发程度为空置海域，未进行项目用海海域利益相关者使用补偿及前期工作，即不包含用海前期工作，不包括项目用海海域利益相关者使用补偿，不考虑项目用海海洋生态损失补偿费，尚未开始填海施工。本次评估基准日期为2017年8月1日。本项目填海后形成的土地

地块划分如图 8-2 所示。

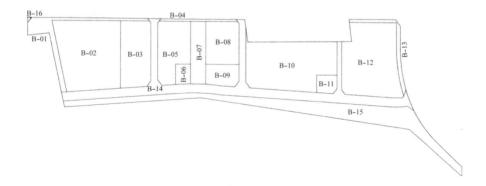

图 8-2 本项目填海后形成的土地地块划分

（二）剩余法评估过程

剩余法适用于待估海域具有开发或再开发潜力的情况，是指在预计开发完成后海域项目（就本项目而言，开发完成后的海域即滨海新区区域建设用地）的正常市场价格基础上，扣除预计尚需投入的正常开发成本、利润和利息等，以价值余额来估算海域价格的一种方法。

具体公式为

$$P = V - Z - I$$

（1）项目开发完成后的价格（V）

1）填海竣工后的土地价格定义

上式中，海域开发完成后的价格即填海竣工后的土地价格。本项目填成土地后用于滨海新区城镇及配套设施建设。具体的土地价格定义如下。

①土地登记情况

a. 土地位置：A 市滨海新区城镇建设 B 区。

b. 土地来源及其变革：填海造地，根据相关规定，作为经营性用地的，办理挂牌出让手续。

c. 土地权属性质：根据价格咨询目的，设定为出让。

d. 不动产权证：尚未办理。

e. 登记时间：无。

f. 地籍图号：无。

g. 宗地号：无。

h. 土地用途及土地面积：规划用途为城镇住宅、商务金融用地，具体详见表8-5。

i. 四至：土地四至为东、南、西均至海域，北至滨海南路。

g. 土地等级：根据A市关于《2014年城镇土地级别和基准地价的通告》和相关附件及基准地价图件，价格咨询对象位于A市城镇住宅用地、商服用地（商务金融用地）二级基准地价范围内，商服用地（商务金融用地）基准地价为74.7万元/亩（土地开发程度设定为"五通一平"，基准容积率2.5），城镇住宅用地基准地价为79万元/亩（土地开发程度设定为"五通一平"，基准容积率2.5）。

②土地权利状况

a. 土地产权来源：填海造地。

b. 土地所有权状况：价格咨询对象土地所有权属国家所有。

c. 土地使用权状况：该宗地为A市海域资源收储中心通过填海造地方式取得土地使用权，结合本次价格咨询目的，使用权类型设定出让；根据《中华人民共和国城镇国有土地使用权出让和转让暂行条例》第十二条以及《换证办法》，设定填海形成土地的使用年限分别为：商业用地40年，城镇住宅用地49.17年。[①]

d. 土地他项权利状况：在评估基准日，价格咨询对象未设立抵押权、担保权、地役权、租赁权等他项权利。

e. 相邻关系权利：价格咨询对象土地四至为东、南、西均至海域，北至滨海南路，地块周边为待开发土地及海域，其开发过程中的用水、排水、通行、铺设管线等基本不受相邻地块影响。

2）填海形成的居住用地和商住用地的价值（土地剩余法估价过程）

本次评估根据《城镇土地估价规程》，对商业用地（商务金融用地）

[①]《换证办法》第八条规定，确认为出让类型国有建设用地使用权的，土地使用权终止日期为海域使用权证书上登记的"海域使用权终止日期"。本宗用海海域使用权使用期限50年，施工期10个月，则形成土地后剩余年限49年零2个月，约49.17年。

和住宅用地采用剩余法和基准地价系数修正法进行评估。表 8–5 中的防护绿地、道路与交通设施用地、行政办公用地、教育科研用地、公用设施用地为公益性质，故不计算其价值。项目填海完成后 B–03、B–10、B–12 地块确定为居住用地，B–05、B–08 确定为商业用地（商务金融用地）。

本部分评估对象为建设用地，因此先对待估对象采用剩余法进行价值评估。首先对价格咨询对象进行最有效利用方式设计，包括使用用途和使用强度；其次预测开发完成最有效设计后的建筑物连同土地的转让价格；再次估测开发建设各项费用支出，投资利息，开发利润；最后用土地开发价值减去开发建设各项费用支出、投资利息和开发利润，余下的价值就是价格咨询对象的价值估值。其计算公式为

$$P = A - B - C$$

式中：

　　P —— 待估宗地价格；

　　A —— 不动产总价；

　　B —— 开发项目整体的开发成本；

　　C —— 客观开发利润。

①最佳的开发利用方式及楼价确定

A. 确定最佳的土地开发利用方式。

a. 根据价格咨询对象的土地条件、土地市场条件，在政府规划及管理等限制所允许的范围内，根据宗地的规划设计要求，结合最佳使用原则分析，确定待估宗地的最佳利用方式见表 8–6。根据宗地的规划设计指标结合市场现状，确定表中各区块均为高层、钢混建筑。本次以 B–03 和 B–05 为例分别求取容积率为 2.5 的城镇住宅用地的土地价值，容积率为 2.8 的商业用地（商务金融用地）的土地价值。

表 8–6　待估宗地的最佳利用方式

地块编号	土地用途	土地面积 /平方米	建筑面积 /平方米	建筑密度 /%	容积率	绿地率 /%
B–03	居住用地	23 030	57 575	20	2.5	30

地块编号	土地用途	土地面积 / 平方米	建筑面积 / 平方米	建筑密度 /%	容积率	绿地率 /%
B–05	商务金融用地	19 952	55 865.6	40	2.8	20
B–08	商务金融用地	15 894	44 503.2	40	2.8	20
B–10	居住用地	45 548	113 870	20	2.5	30
B–12	居住用地	44 281	110 702.5	20	2.5	30

b. 土地建设项目开发周期的确定：房地产开发周期一般分为前期、建设期及租售期，根据市场上同类型房地产的开发周期，结合价格咨询对象项目开发规模确定其正常开发周期为 2 年。

c. 投资进度安排：根据同类型房地产开发资金投入的一般情况及该项目的具体情况，确定在开发建设期内，地价款、购地税费在开发建设初期一次性投入，后续开发资金在开发期内均匀投入。

B. 土地开发完成后进行市场价值确定。

项目开发完成后，全部用于销售，各项物业售价确定如下。

a. 高层住宅开发价值确定过程（市场比较法）。

列入本次价格咨询范围的价格咨询对象采用现行市价标准，按市价法进行价值评估。将价格咨询对象和市场近期已销售的相类似房产进行对照比较，找出价格咨询对象与每个参照物之间在房产价值影响诸因素方面的差异，并据此对参照物的交易价格进行比较调整，从而得出多个参考值，再通过综合分析，调整确定价格咨询对象的价格咨询值。

市场法计算公式：估价对象市场价格 = 比较案例价格 × 交易情况修正系数 × 交易日期修正系数 × 区域、个别因素修正系数

在选取比较实例时，充分考虑了以下因素：参照物房产与待估房产用途相同、交易方式相同、交易方式情况正常或易于修正；参照物房产与待估房产成交时间距价格咨询日期较近、所在地的区域条件相近、个别条件大致相同。房产交易实例比较见表 8–7。

表8-7 房产交易实例比较

项目＼参照物	估价对象	实例1	实例2	实例3
地理位置	待估海域	沿海大通道	沿海大通道南侧	沿海大通道东侧
销售价格（均价）/（元·平方米⁻¹）		3300	3600	3800
销售日期/状态	2017年7月	2017年7月	2017年7月	2017年7月
所属地区	滨海新区	C镇	C镇	C镇
结构形式	高层	高层	高层	高层、小高层
用途	住宅	住宅	住宅	住宅
权利状况	住宅使用期限为49.17年	70年产权	70年产权	70年产权
居住集聚度	周边为民宅及海域、滩涂，居住集聚度一般	周边为民宅及海域、滩涂，居住集聚度一般	乡镇城郊，周边为民宅和新建住宅楼，居住度一般	乡镇城郊，周边为民宅和新建住宅楼，居住度一般
商服繁华程度	周边为民宅及海域、滩涂，商服繁华度低	周边为民宅及海域、滩涂，商服繁华度低	乡镇城郊，附近有少量商业网点，商服繁华度一般	乡镇城郊，附近有少量商业网点，商服繁华度一般
基础设施配套程度	五通	五通	五通	五通
公共设施配套程度	小学、村卫生所，公共设施配套少，配套程度低	小学、中学、区医院，公共设施配套少，配套程度低	实验小学、幼儿园、区医院等公共设施配套，配套程度较高	卫生院、区医院、幼儿园、小学、中学等公共设施配套，配套程度较高
道路通达度	道路通达度较高	道路通达度较高	道路通达度较高	道路通达度较高
交通便捷度	6路公交线路通过，公交便捷度一般	6路公交线路通过，公交便捷度一般	2路、6路公交、班车，公交便捷度较高	2路、6路公交、班车，公交便捷度较高
环境质量、周围景观	周边为民宅及海域、滩涂，环境质量一般，可观海景，景观优	周边为民宅及海域、滩涂，环境质量一般，可观海景，景观较优	周边为民宅，邻近滨海公园及海滩，环境及景观较优	休闲公园、可观海景，环境及景观较优

交易情况修正：为使所选参照物实例价格具有较强可比性，必须预先对交易中的某些不正常因素加以修正，使其成为正常的交易价格。经市场调查，三个案例的交易情况正常，无须进行修正。

交易日期修正：对所选参照物实例价格进行日期修正，使修正后的价格能够反映价格咨询基准日的市场价格水平，3个案例的交易时间均与价格咨询基准日接近，市场价格无明显变化，故无须进行修正。

区域、个别因素修正：剔除比较实例与咨询对象间因所在区域不同而产生的价格差异，使修正后的比较实例价格能够与待估房地产所在地区的实际情况相符。交易实例赋值与修正见表8–8。

表8–8　交易实例赋值与修正

项目	估价对象	实例1	实例2	实例3
	调整指数	调整指数	调整指数	调整指数
销售价格（均价）/（元·平方米$^{-1}$）		3300	3600	3800
结构形式	100	100	100	100
用途	100	100	100	100
权利状况	100	104	104	104
居住集聚度	100	100	100	100
商服繁华度	100	100	102	102
基础设施配套度	100	100	100	100
公共设施配套度	100	100	102	102
道路通达度	100	100	100	100
交通便捷度	100	100	102	102
环境质量、周围景观	100	96	96	96
综合修正值		1.00	0.94	0.94
修正后单价/（元·平方米$^{-1}$）		3300	3384	3572
算术平均单价（含税，取整）	3400			

注：待估宗地的估价情况指数为100。

b. 商业售价的确定。

通过对周边房产销售的调查了解，项目所在区县各在售楼盘商业用房（写字楼）销售均价视区域位置的不同，销售价格与高层住宅接近但略低于住宅价格。结合本次价值对象项目的区域位置（距区中心有一定距离）及项目周边的人流量，确定商业售价为3200元/平方米。

c. 开发完成后的B–03、B–05不动产总价。

B–03、B–05 不动产总价见表 8–9。

表 8–9　B–03、B–05 不动产总价

地块	用途	建筑面积 / 平方米	销售单价 / （元·平方米$^{-1}$）	总价 / 元
B–03	高层住宅	57 575	3400.00	195 755 000.00
B–05	商务金融	55 865.6	3200.00	178 769 920.00

②开发建筑成本费用的确定

开发建筑成本费用包括直接工程费、间接工程费、建筑承包商利润及由发包商负担的建筑附带费用等。经市场调查分析，结合价格咨询对象的特点，同时参照 A 市建筑安装造价，价格咨询对象主要为高层商住楼，确定高层开发建筑成本费用为 1600 元 / 平方米。本次价格咨询对象设定内涵为红线内外无基础设施配套，仅场地平整，目前 A 市基础设施达到五通的费用一般为 120 元 / 平方米（单方土地面积），小区内配套一般为 300 元 / 平方米左右，则价格咨询对象开发建筑成本费用构成见表 8–10。表 8–11 为开发建筑成本费用。

表 8–10　开发建筑成本费用构成

地块编号	土地面积 / 平方米	容积率	建筑安装成本 / （元·平方米$^{-1}$）	基础设施配套 / （元·平方米$^{-1}$）	小区配套 / （元·平方米$^{-1}$）	单方建造成本 / （元·平方米$^{-1}$）
B–03	23 030	2.5	1600	48	300	1948
B–05	19 952	2.8	1600	43	300	1943

说明：基础设施配套费按容积率转成单方建筑面积的标准

表 8–11　开发建筑成本费用

地块编号	建筑面积 / 平方米	容积率	单方建造成本 / （元·平方米$^{-1}$）	总价 / 元
B–03	57 575	2.5	1948	112 156 100.00
B–05	55 865.6	2.8	1942.86	108 539 040.00

③专业费用的确定

专业费用主要包括地质勘探费、建筑设计费（方案规划、施工图设计、

审图费）、预结算费、招投标代理费、质检费等费用，一般按建安成本费用的 6% 计算，见表 8–12。

表 8–12　专业费用

地块编号	建筑成本 / 元	专业费用率 /%	专业费用总价 / 元
B–03	112 156 100.00	6	6 729 366.00
B–05	108 539 040.00	6	6 512 342.00

④管理费的确定

管理费包括基本建设工作人员工资、办公费、差旅费、基建用固定资产折旧费、工器具使用费、印花税及与工程有关的其他管理性质的支出，按建筑开发费和专业费之和的 3% 确定，见表 8–13。

表 8–13　管理费用

地块编号	（建筑成本＋专业费用）/ 元	管理费用率 /%	管理费用总价 / 元
B–03	118 885 466.00	3	3 566 564.00
B–05	115 051 382.00	3	3 451 541.00

⑤利息的确定

考虑价格咨询对象的建设规模，B–03、B–05 地块建筑周期按 2 年计算，利息率按中国人民银行 2015 年 10 月 24 日公布的一至五年（含五年）期贷款利息 4.75% 计，地价及购地税费（地价 ×3%）按整个建设周期计息，建筑费用、专业费用按开发周期的一半计息，则：

B–03 利息 = 地价及购地税费 × $[(1+4.75\%)^2-1]$ + （建筑费 + 专业费 + 管理费）× $[(1+4.75\%)^1-1]$ = 5 816 471.00 + 0.100 17× 地价（元）

B–05 利息 = 地价及购地税费 × $[(1+4.75\%)^2-1]$ + （建筑费 + 专业费 + 管理费）× $[(1+4.75\%)^1-1]$ = 5 628 889.00 + 0.100 17× 地价（元）

⑥销售费用的确定

销售费用主要用于建成后不动产销售中介代理费、市场营销广告费用、买卖手续费等。根据市场调查，该地区此类型商住楼的租售费用按不动产总价的 3% 确定，见表 8–14。

表8-14　销售费用

地块编号	不动产总价/元	销售费用率/%	销售费用总价/元
B-03	195 755 000.00	3	5 872 650.00
B-05	178 769 920.00	3	5 363 098.00

⑦销售税金的确定

销售税金主要指建成后不动产销售的增值税及附加，增值税等于销项税额减去进项税额，A市增值税附加税率为12%。

依据《房地产开发企业销售自行开发的房地产项目增值税征收管理暂行办法》（国家税务总局公告2016年第18号），房地产开发企业中的一般纳税人销售自行开发的房地产项目，适用一般计税方法计税，按照取得的全部价款和价外费用，扣除当期销售房地产项目对应的土地价款后的余额计算销售额。销售额的计算公式为销售额=（全部价款和价外费用−当期允许扣除的分摊土地价款）÷（1+11%）。

B-03销项税额=（112 156 100.00 − 地价）/1.11×11%

B-05销项税额=（108 539 040.00 − 地价）/1.11×11%

B-03和B-05的进项税额计算见表8-15和表8-16。

表8-15　B-03进项税额市场计算

项目	含税金额	纳税基数	税率	税额
开发成本	112 156 100.00	101 041 532.00	11%	11 114 568.00
专业费用	6 729 366.00	6 348 459.00	6%	380 908.00
销售费用	5 872 650.00	5 540 236.00	6%	332 414.00
合计	11 827 890.00			

表8-16　B-05进项税额计算

项目	含税金额	纳税基数	税率	税额
开发成本	108 539 040.00	97 782 919.00	11%	10 756 121.00
专业费用	6 512 342.00	6 143 719.00	6%	368 623.00
销售费用	5 363 098.00	5 059 526.00	6%	303 572.00
合计	11 428 316.00			

B–03 增值税及附加

= [（112 156 100.00 − 地价）/1.11 × 11% − 11 827 890.00] × （1+12%）

B–05 增值税及附加

= [（108 539 040.00 − 地价）/1.11 × 11% − 11 428 316.00] × （1+12%）

⑧购地税费的确定

主要为购买土地所应缴纳的契税，根据《福建省贯彻〈中华人民共和国契税暂行条例〉实施办法》确定契税为地价款的3%，则

$$购地税费 = 地价 × 3\% = 0.03 × 地价$$

⑨开发商合理利润的确定

开发利润一般分成本利润和销售利润，本次评估选用销售利润率进行测算，一般房地产开发行业的销售利率润率为10%~15%，结合A市房地产开发现状，本次取销售利润率为12%，则：

$$B–03 利润 = 销售收入 × 12\% = 23 490 600.00（元）$$

$$B–05 利润 = 销售收入 × 12\% = 21 452 390.00（元）$$

⑩土地开发完成后市场价值

地价 = 不动产总价 − 建筑开发费 − 专业费用 − 管理费用 − 利息 − 销售费用 − 销售税金 − 利润 − 购地税费，经计算，算得

B–03 地价 = 29 085 583.00 元；单位地价 = 29 085 583.00/23 030 = 1263 元/平方米。

B–05 地价 = 20 389 414.00 元；单位地价 = 20 389 414.00/19 952 = 1022 元/平方米。

3）填海形成的居住用地和商住用地的价值（基准地价系数修正法估价过程）

根据《城镇土地估价规程》，对待估对象采用基准地价系数修正法进行价值评估。

利用城镇基准地价及其地价修正体系成果，按照替代原则，将待估宗地的区域条件和个别条件等与城镇基准地价的条件相比较，进而通过修正求取待估宗地在价格咨询基准日的价格。基本计算公式如下

$$P = P_{Tb} × （1 ± \sum K_i） × K_j + D$$

式中：

P —— 宗地价格；

P_{Ib} —— 某一用途、某级别（均质区域）的基准地价；

$\sum K_i$ —— 宗地地价修正系数；

K_j —— 价格咨询基准日、容积率、土地使用年期等其他修正系数；

D —— 土地开发程度修正值。

①基准地价成果及内涵

《A 市关于 2014 年城镇土地级别和基准地价的通告》及相关附件于 2016 年 6 月 20 日公布实施。根据上述文件，本次价格咨询使用的城镇住宅用地、商务金融用地基准地价的内涵介绍见表 8–17。

表 8–17　基准地价内涵

用地类型	表现形式	使用年期	开发程度	容积率	评估期日
商服	路线价（楼面地价）	40 年	五通一平	1.0	2014–06–30
	级别楼面地价	40 年	五通一平	2.5	2014–06–30
住宅	级别楼面地价	70 年	五通一平	2.5	2014–06–30
工矿仓储	级别地面地价	50 年	五通一平	1.0	2014–06–30
其他类型	级别地面地价	50 年	五通一平	1.0/1.5	2014–06–30

②宗地土地级别和基准地价的确定

价格咨询对象属住宅用地及商业用地（商务金融用地）基准地价二级地，住宅用地基准地价为 79 万元 / 亩，合 1185 元 / 平方米，商业用地（商务金融用地）基准地价为 74.7 万元 / 亩，合 1120 元 / 平方米。

根据《A 市 2014 年城镇基准地价修编成果应用说明》，商住用地基准地价修正体系主要包括容积率修正、区位因素修正、期日修正、年期修正、开发程度修正，结合《城镇土地估价规程》（GB/T 18508—2014），确定基准地价系数修正法评估土地价格的计算公式为

宗地地价 = 宗地所在等级基准地价 ×（1+ 区位因素修正系数）× 期日修正系数 × 容积率修正 × 年期修正系数 + 开发程度修正系数

③区位因素修正

a. 地价影响因素说明表见表 8–18 和表 8–19。

表8–18　商服用地宗地地价影响因素说明（二级）

影响因素		优	较优	一般	较劣	劣
商服条件	距商服中心距离/米	≤ 300	300 ~ 600	600 ~ 1000	1000 ~ 1500	> 1500
	距农贸市场距离/米	≤ 200	200 ~ 450	450 ~ 750	750 ~ 1100	> 1100
交通条件	区域道路类型	混合型主干道	生活型主干道	生活型次干道	交通型主干道	其他道路
	距对外交通中心距离/米	≤ 300	300 ~ 600	600 ~ 900	900 ~ 1200	> 1200
公用设施状况	距中学距离/米	≤ 250	250 ~ 500	500 ~ 750	750 ~ 1000	> 1000
	距小学距离/米	≤ 150	150 ~ 300	300 ~ 450	450 ~ 600	> 600
	距医院距离/米	≤ 300	300 ~ 600	600 ~ 900	900 ~ 1200	> 1200
环境条件	周围土地利用类型	商服用地	住宅生活用地	机关文教用地	园林景观用地	工矿仓储用地
宗地条件	宗地临街宽度/米	> 8	5 ~ 8	3 ~ 5	2 ~ 3	≤ 2
	宗地进深/米	≤ 5	5 ~ 10	10 ~ 15	15 ~ 20	> 20
	宗地临街状况	两面临街（两面临主街）	两面临街（一面临主街，一面临支路）	一面临街（临主街）	一面临街（临支路）	不临街
	宗地形状	规则	较规则	基本规则	较不规则	不规则

表8–19　住宅用地宗地地价影响因素说明（二级）

影响因素		优	较优	一般	较劣	劣
商服条件	距商服中心距离/米	≤ 400	400 ~ 800	800 ~ 1200	1200 ~ 1600	> 1600
	距农贸市场距离/米	≤ 300	300 ~ 600	600 ~ 900	900 ~ 1200	> 1200
交通条件	区域道路类型	生活型主干道	混合型主干道	生活型次干道	交通型主干道	其他道路
	距对外交通中心距离/米	≤ 300	300 ~ 600	600 ~ 900	900 ~ 1200	> 1200
公用设施状况	距中学距离/米	≤ 250	250 ~ 500	500 ~ 750	750 ~ 1000	> 1000
	距小学距离/米	≤ 150	150 ~ 300	300 ~ 450	450 ~ 600	> 600

续表

影响因素		优	较优	一般	较劣	劣
公用设施状况	距医院距离/米	≤ 300	300 ~ 600	600 ~ 900	900 ~ 1200	> 1200
	距公园距离/米	≤ 300	300 ~ 600	600 ~ 900	900 ~ 1200	> 1200
环境条件	区域环境质量状况	好	较好	一般	较差	差
	周围土地利用类型	高级住宅小区	普通住宅小区	零散住宅区	商服区	厂矿区
宗地条件	宗地形状	规则	较规则	基本规则	较不规则	不规则
	工程地质	好	较好	一般	较差	差
	建筑密度	低	较低	中等	较密集	密集
	建筑朝向	南	西南、东南	东西	西北、东北	北

b. 地价因素修正系数表见表 8–20 和表 8–21。

表 8–20　商服用地基准地价修正系数表

影响因素		优	较优	一般	较劣	劣
商服条件	距商服中心距离	3.00	1.50	0	−1.50	−3.00
	距农贸市场距离	1.50	0.75	0	−0.75	−1.50
交通条件	区域道路类型	2.10	1.05	0	−1.05	−2.10
	距对外交通中心距离	1.50	0.75	0	−0.75	−1.50
公用设施状况	距中学距离	0.90	0.45	0	−0.45	−0.90
	距小学距离	0.75	0.38	0	−0.38	−0.75
	距医院距离	0.90	0.45	0	−0.45	−0.90
环境条件	周围土地利用类型	0.75	0.38	0	−0.38	−0.75
宗地条件	宗地临街宽度	0.90	0.45	0	−0.45	−0.90
	宗地进深	1.05	0.53	0	−0.53	−1.05
	宗地临街状况	1.05	0.53	0	−0.53	−1.05
	宗地形状	0.60	0.30	0	−0.30	−0.60

表8-21 住宅用地基准地价修正系数表

影响因素		优	较优	一般	较劣	劣
商服条件	距商服中心距离	1.80	0.90	0	−0.90	−1.80
	距农贸市场距离	1.20	0.60	0	−0.60	−1.20
交通条件	区域道路类型	1.35	0.68	0	−0.68	−1.35
	距对外交通中心距离	1.35	0.68	0	−0.68	−1.35
公用设施状况	距中学距离	1.35	0.68	0	−0.68	−1.35
	距小学距离	1.65	0.83	0	−0.83	−1.65
	距医院距离	0.90	0.45	0	−0.45	−0.90
	距公园距离	0.75	0.38	0	−0.38	−0.75
环境条件	区域环境质量状况	1.20	0.60	0	−0.60	−1.20
	周围土地利用类型	0.90	0.45	0	−0.45	−0.90
宗地条件	宗地形状	0.60	0.30	0	−0.30	−0.60
	工程地质	0.75	0.38	0	−0.38	−0.75
	建筑密度	0.60	0.30	0	−0.30	−0.60
	建筑朝向	0.60	0.30	0	−0.30	−0.60

c.地价因素修正状况说明表见表8-22和表8-23。

通过以上过程,得到商服用地区位因素修正系数为−0.0571,住宅用地区位因素修正系数为−0.04。

④期日修正

《A市2014年城镇基准地价》规定的基准日为2014年6月30日,距价格咨询时点约3年,其间A市土地市场基本平稳,住宅房地产价格微涨,涨幅约5%,商业用地及商业房地产市场基本平稳,故确定商业用地期日修正系数为1.00,住宅用地期日修正系数为5%。

表8-22 商服用地基准地价修正状况说明表

影响因素		因素说明	优劣	修正系数
商服条件	距商服中心距离	1000~1500米	较劣	−1.50
	距农贸市场距离	750~1100米	较劣	−0.75
交通条件	区域道路类型	交通型主干道	较劣	−1.05
	距对外交通中心距离	900~1200米	较劣	−0.75

影响因素		因素说明	优劣	修正系数
公用设施状况	距中学距离	750~1000米	较劣	-0.45
	距小学距离	450~600米	较劣	-0.38
	距医院距离	900~1200米	较劣	-0.45
环境条件	周围土地利用类型	园林景观用地	较劣	-0.38
宗地条件	宗地临街宽度	3~5米	一般	0
	宗地进深	10~15米	一般	0
	宗地临街状况	一面临街(临主街)	一般	0
	宗地形状	基本规则	一般	0
合计				-5.71

表8–23 住宅用地基准地价修正状况说明

影响因素		因素说明	优劣	修正系数
商服条件	距商服中心距离	1200~1600米	较劣	-0.90
	距农贸市场距离	900~1200米	较劣	-0.60
交通条件	区域道路类型	交通型主干道	较劣	-0.68
	距对外交通中心距离	900~1200米	较劣	-0.68
公用设施状况	距中学距离	750~1000米	较劣	-0.68
	距小学距离	450~600米	较劣	-0.83
	距医院距离	900~1200米	较劣	-0.45
	距公园距离	900~1200米	较劣	-0.38
环境条件	区域环境质量状况	好	优	1.2
	周围土地利用类型	零散住宅区	一般	0
宗地条件	宗地形状	基本规则	一般	0
	工程地质	一般	一般	0
	建筑密度	中等	一般	0
	建筑朝向	东西	一般	0
合计				-4

⑤容积率修正

根据《A市2014年城镇基准地价》,商业及住宅基准容积率为2.5,

地面地价容积率修正系数表见表 8–24 和表 8–25。根据表 8–6，B–03 规划容积率为 2.5；B–05 规划容积率为 2.8。查表得：B–03 住宅用地容积率修正系数为 1.00；B–05 商服用地容积率修正系数为 1.1011。

⑥土地使用年期修正

待估宗地城镇住宅用地使用年限为 49.17 年，商服用地使用年限为 40 年；根据有关基准地价的规定（见表 8–17），城镇住宅用地使用年限为 70 年，商服用地使用年限为 40 年。住宅用地使用年限与基准地价使用年限不一致，需要计算年期修正系数。

根据《城镇土地估价规程》，土地使用年期修正系数计算公式为

$$k = \left[1 - 1/(1+r)^n \right] / \left[1 - 1/(1+r)^m \right]$$

式中：

k —— 土地使用年期修正系数；

r —— 土地还原率，本报告取 5.5%（采用风险累加法，无风险利率取 1 年期定期存款利率 1.5%，考虑估价对象个别因素取风险调整值为 4%）；

n —— 土地剩余使用年限；

m —— 估价对象土地使用年限。

经计算，住宅用地年期修正系数为 0.9505。

⑦开发程度修正

待估宗地设定开发程度为无基础设施配套，仅场地平整，与基准地价开发程度内涵（"五通一平"）不一致，需进行开发程度的修正。目前，A 市基础设施达到"五通"的费用一般为 120 元 / 平方米，则取开发程度修正值为 120 元 / 平方米。

⑧土地价格确定

B–03 宗地地价 = 1185 ×（1+5%）×1×（1 − 0.04）× 0.9505 − 120 = 1015（元 / 平方米）

B–05 宗地地价 = 1120 × 1 × 1.1011 ×（1 − 0.0571）× 1 − 120 = 1043（元 / 平方米）

4）填海形成的居住用地和商住用地的价值

上述两种方法从不同方面反映了估价对象土地的价格水平，两种方

表8-24 A市住宅用地容积率修正系数后续计算结果（地面地价）

容积率	≤1.0	1.1	1.2	1.3	1.4	1.5	1.6	1.7	1.8	1.9	2.0
修正系数	0.7506	0.7612	0.7718	0.7824	0.793	0.8036	0.8196	0.8357	0.8517	0.8677	0.8838
容积率	/	2.1	2.2	2.3	2.4	2.5	2.6	2.7	2.8	2.9	3.0
修正系数	/	0.9070	0.9303	0.9535	0.9768	1.0000	1.0272	1.0543	1.0815	1.1086	1.1358
容积率	/	3.1	3.2	3.3	3.4	3.5	3.6	3.7	3.8	3.9	4.0
修正系数	/	1.1585	1.1813	1.2041	1.2269	1.2496	1.2688	1.2879	1.3070	1.3261	1.3452
容积率	/	4.1	4.2	4.3	4.4	4.5	4.6	4.7	4.8	4.9	5.0
修正系数	/	1.3612	1.3773	1.3933	1.4093	1.4254	1.4388	1.4523	1.4657	1.4792	1.4926
容积率	/	5.1	5.2	5.3	5.4	5.5	5.6	5.7	5.8	5.9	≥6.0
修正系数	/	1.5039	1.5152	1.5265	1.5377	1.5490	1.5585	1.5680	1.5774	1.5869	1.5964

表8-25 A市商服用地容积率修正系数（地面地价）

容积率	≤1.0	1.1	1.2	1.3	1.4	1.5	1.6	1.7	1.8	1.9	2.0
修正系数	0.7003	0.7135	0.7266	0.7398	0.753	0.7661	0.7852	0.8043	0.8234	0.8425	0.8616
容积率	/	2.1	2.2	2.3	2.4	2.5	2.6	2.7	2.8	2.9	3.0
修正系数	/	0.8892	0.9169	0.9446	0.9723	1.0000	1.0337	1.0674	1.1011	1.1348	1.1685
容积率	/	3.1	3.2	3.3	3.4	3.5	3.6	3.7	3.8	3.9	4.0
修正系数	/	1.1967	1.2250	1.2533	1.2815	1.3098	1.3335	1.3572	1.3809	1.4047	1.4284
容积率	/	4.1	4.2	4.3	4.4	4.5	4.6	4.7	4.8	4.9	5.0
修正系数	/	1.4483	1.4682	1.4881	1.5080	1.5278	1.5445	1.5612	1.5779	1.5946	1.6113
容积率	/	5.1	5.2	5.3	5.4	5.5	5.6	5.7	5.8	5.9	≥6.0
修正系数	/	1.6253	1.6393	1.6533	1.6673	1.6813	1.6931	1.7048	1.7166	1.7283	1.7401

法测算结果差距不大。由于本次评估的是待估宗地的公开市场价值，考虑到基准地价政策性较强，而剩余法立足于土地的市场收益，更能代表土地的市场价值，本次评估以加权平均最终确定估价结果，剩余法取权重为60%，基准地价系数修正法权重为40%，则

B–03 地面单价 = 1263 × 60% + 1015 × 40% ≈ 1164（元 / 平方米）

B–05 地面单价 = 1022 × 60% + 1043 × 40% = 1030（元 / 平方米）

该部分地价 = 地面单价 × 土地面积，评估结果汇总见表 8–26。该部分总地价为 16 828.9256 万元。

表 8–26　评估结果汇总

地块编号	土地用途	土地面积 / 平方米	地面单价 /（元·平方米 $^{-1}$）	总价 / 元
B–03	居住用地	23 030	1164	26 806 920.00
B–05	商务金融用地	19 952	1030	20 550 560.00
B–08	商务金融用地	15 894	1030	16 370 820.00
B–10	居住用地	45 548	1164	53 017 872.00
B–12	居住用地	44 281	1164	51 543 084.00
合计		148 705		168 289 256.00

5）填海形成的教育科研用地和公用设施用地的价值

项目填海完成后，B–02 地块确定为教育科研用地，B–06 地块确定为行政办公用地，B–11 地块确定为公用设施用地。

因委托方明确教育科研用地（B–02）、行政办公用地（B–06）以及公用设施用地（B–11）为公益性质，故不计算该部分规划地块的价值。

（2）开发成本（Z）

海域项目在评估基准日后至开发完成尚需投入的成本，即开发成本。开发成本包括海域取得费、海域利益相关者补偿费、工程费用、土地出让金、管理费用和开发利息。

1）海域取得费（Z_1）

评估对象宗海为国家所有，尚未设定海域使用权。其取得费主要考虑海域取得相关前期专业费用，包括工程可行性研究、海洋环评、海域论

证、地质勘探等内容。根据委托方提供的数据，同时结合《海域使用论证收费标准（试行）》《国家计委、国家环境保护总局关于规范环境影响咨询收费有关问题通知》《建设项目前期工作咨询收费暂行规定》《工程勘察设计收费管理规定》（计价格〔2002〕10号）等收费标准，根据评估单位实际工作经验予以确定。至开发完成尚需投入的前期费用见表8–27，总计305万元。

表8–27　前期专业费用

单元：万元

序号	项目名称	费用/万元	计价标准
1	海域使用论证及数模	40	《海域使用论证收费标准（试行）》
2	环境影响评价	20	《国家计委、国家环境保护总局关于规范环境影响咨询收费有关问题通知》
3	工程可行性研究	35	《建设项目前期工作咨询收费暂行规定》
4	水深测量	20	《建设项目前期工作咨询收费暂行规定》
5	地质钻探	30	《建设项目前期工作咨询收费暂行规定》
6	项目设计费	160	《工程勘察设计收费管理规定》
7	总计	305	

2）海域利益相关者补偿费（Z_2）

根据本宗海域使用权价格定义，报告设定本项目尚未开展海域利益相关者补偿工作。根据A市签署的海域征用养殖物包干补偿协议书确定的每亩1.23万元标准包干补偿标准，计算海域利益相关者补偿费为

$$Z_2 = 33.6600 \times 15 \times 1.23 = 621.0270（万元）$$

3）工程费用（Z_3）

根据《本项目工程可行性研究报告》及委托方提供的工程平面布置图，本用海项目主要工程量为：吹填工程量156.037万立方米；东侧临时隔堤（双棱体砂被堤）约560米；西侧、南侧内护岸（扶壁式挡土墙）约1900米；岸侧挡堰约1500米；地基处理33.6600公顷。

评估人员通过调研周边区域填海工程客观施工成本，同时结合本区域工程条件，设定本工程吹填成本为35元/立方米，岸侧挡堰成本为0.28万元/米，扶壁式挡土墙结构的内侧护岸成本为2.90万元/米，双棱体砂被堤结构的临

时隔堤成本为 1.2 万元 / 米，地基处理成本为 8.6 万元 / 公顷。由于东侧临时隔堤与滨海大道共用，故本次评估仅取该部分的一半作为成本。则总的工程费用大约为

$$Z_3 = 156.037 \times 35 + 1500 \times 0.28 + 1900 \times 2.90 + 560/2 \times 1.2 + 33.6600 \times 8.6$$
$$= 12\,016.7710 （万元）$$

4）管理费用（Z_4）

管理费用以上述 1）至 3）项为基数，视项目大小、复杂程度取费一般为 3% ~ 5%。本项目工程规模大，属填海造地，审批项目较多，管理费用率取 5%，则管理费为

$$Z_4 = （Z_1 + Z_2 + Z_3）\times 5\% = （305 + 621.0270 + 12\,016.7710）\times 5\%$$
$$= 647.1399 （万元）$$

5）开发利息（Z_5）

以尚需投入的开发成本为基数，按照项目开发程度的正常开发周期、各项费用投入期限和年利息率，分别估计各期投入应支付的利息。

参照项目报告，本评估项目开发周期按 10 个月（0.83）计，假设前期费用、补偿费用在期初一次性投入，计息期为 0.83 年；假设开发费用在开发周期内均匀投入，计息期设定为 0.415 年。计息利率按中国人民银行 2015 年 10 月 24 日公布的一至五年（含五年）期贷款利息 4.75% 计。

则开发利息为

$$Z_5 = （Z_1 + Z_2）\times [（1 + 4.75\%）^{0.83} - 1] + （Z_3 + Z_4）\times [1 + 4.75\%^{0.415} - 1]$$
$$\approx 282.6173 （万元）$$

6）土地出让金（Z_6）

填海造地完成还需补缴土地出让金，方可换发土地证。根据《换证办法》，本评估项目换发国有土地使用证时需缴纳土地出让金。因土地出让金暂未明确，故此处以 Z_6 指代。

7）尚需投入开发成本（Z）

尚需投入开发成本（Z）为上述 1）至 6）之和，为

$$Z = Z_1 + Z_2 + Z_3 + Z_4 + Z_5 + Z_6$$
$$= 305 + 621.0270 + 12\,016.7710 + 647.1399 + 282.6173 + Z_6$$
$$= 13\,872.5552 + Z_6 （万元）$$

（3）海域开发利润（I）

以海域项目开发完成后的价值为基数，根据海域使用类型、开发周期和所处地社会经济条件综合确定的海域投资回报率来计算海域开发利润。本宗海地处 A 市，为建设填海造地工程用海，结合填海项目年投资收益率，同时考虑本宗项目的特殊条件，以 10% 作为评估对象海域的项目开发利润。

则海域开发利润为

$$I = V \times 10\% = 16\,828.9256 \times 10\% \approx 1682.8926（万元）$$

（4）宗海价格（P）

$$P = V - Z - I = 16\,828.9256 - (13872.5552 + Z_6) - 1682.8926$$
$$= 1273.4778 - Z_6（万元）$$

由上式可知，最终海域价格的确定受到缴纳土地出让金的影响。而截至评估基准日，土地出让金尚未确定。本评估报告采用协议出让土地使用权的最低价和海域使用权最低价的比值作为土地出让金（Z_6）和本价格定义下海域价格（P）的比值，即

$$\frac{P}{Z_6} = \frac{协议出让土地使用权的最低价}{海域使用权最低价}$$

根据《国有建设用地使用权出让地价评估技术规范（试行）》（国土资厅发〔2013〕20 号），拟出让土地最低价与新增建设用地有偿使用费、征地拆迁补偿费以及按照国家规定缴纳的各项税费之和对比。本宗评估中，新增土地为填海形成，不存在征地拆迁补偿费和耕地占用税等其他税费，故此处仅考虑新增建设用地有偿使用费。而根据《新增建设用地土地有偿使用费征收标准及等别》，本宗地属于第十等，征收标准为28 万元 / 公顷，则本宗地的拟出让土地最低价为 28 万元 / 公顷 × 33.6600 公顷 = 942.4800 万元。海域使用权最低价即按财政部、国家海洋局颁布的海域使用金征收标准[1]，本宗用海属于三等，征收标准为 105 万元 / 公顷，则

---

[1] 在本评估基准日的海域使用金标准参照《财政部 国家海洋局关于加强海域使用金征收管理的通知》（财综〔2007〕10 号）

海域使用权最低价为 105 万元 / 公顷 × 33.6600 公顷 = 3534.3000 万元。由此可计算

$$\frac{P}{Z_6} = \frac{3534.3000}{942.4800}$$

代入上式，可得

$$P + \frac{942.4800}{3534.3000}P = 1273.4778$$

解方程得

$$P \approx 1005.3773（万元）$$

由此计算的海域价格 1005.3773 万元，小于国家海洋局颁布的海域使用金征收标准（3534.3000 万元）。究其原因有以下两个方面，一是受限于本宗用海填海后形成土地的规划条件，本宗用海开发完成后用于住宅用地和商业用地的土地面积仅占填海形成土地总面积的 44%，其余均作为公益性质；二是本宗用海平面设计情况，为保障防洪防浪要求，西侧、南侧设计了 1900 米内护岸（扶壁式挡土墙），单这项工程成本就达到 5461 万元，导致整体填海成本较高。

因此，需要再选择其他方法对宗海价格进行评估。

三、基于市场比较法评估某工业填海造地用海价格

（一）本宗海域价格定义

工业填海造地用海属于城镇建设填海造地用海，指通过筑堤围割海域，填成土地后用于城镇（此处指工业园区）建设的海域。

本宗用海位于 A 市某海域，用海目的为工业填海造地用海，填成土地后用于工业园区建设，土地类型确定为工业用地。本项目用海类型的一级类型为工业用海，二级类型为其他工业用海；用海方式的一级方式为填海造地，二级方式为建设填海造地；宗海面积 48.6679 公顷；宗海使用年期设定为 50 年。本次评估设定评估对象尚未进行海域利益相关者补偿及前期专业工作，即不包含用海前期专业工作，不包括海域利益相关者补偿，

不包含海洋生态损失补偿费，尚未开始填海施工。本次评估基准日期为 2017 年 10 月 1 日。

（二）市场比较法评估过程

市场比较法适用于海域市场较发达地区，具有充足的替代性的海域交易案例的情况。市场比较法是根据市场替代原理，将评估对象与具有替代性且在近期市场上已发生交易的实例做比较，根据两者之间的价格影响因素差异，在交易实例成交价格的基础上做适当修正，以此来确定海域价格。具体公式如下

$$P = P_b \times K_2 \times K_3 \times K_4 \times K_5$$

（1）比较实例的海域价格（P_b）

评估人员通过调查 A 市周边区域建设填海造地工程用海的出让情况，了解到 2017 年该区域内有 3 宗类似用海通过挂牌的方式出让，具体信息见表 8-28。该 3 宗用海的价格定义均为 "仅为海域使用权价格，不含前期费用、补偿费等"，也与本次评估价格定义相同。因此本次评估以该 3 宗用海成交价格为基础进行修正。

各宗用海单价（P_b）依次为：60.3899 万元 / 公顷；58.7278 万元 / 公顷；58.6181 万元 / 公顷。

待估海域与 3 宗比较实例海域的位置关系如图 8-3 所示。

（2）海域使用年期修正系数（K_2）

上述比较实例中，均是参照该省海域使用金征收管理办法，海域使用金标准按年计算，且出让年限均为最高的 50 年，此处设定年期修正系数均为 1，即

本宗用海与实例 1 用海的年期修正系数：$K_{21} = 1$；

本宗用海与实例 2 用海的年期修正系数：$K_{22} = 1$；

本宗用海与实例 3 用海的年期修正系数：$K_{23} = 1$。

表8–28 3宗交易实例情况

	实例1：B–3填海造地海域使用权	实例2：B–9填海造地海域使用权	实例3：B–2填海造地海域使用权
宗海面积/公顷	46.0034	26.8213	35.8057
用海类型	工业用海	工业用海	工业用海
用海方式	建设填海造地	建设填海造地	建设填海造地
用海期限	50年	50年	50年
成交日期	2017.02.13	2017.02.24	2017.06.22
成交金额/元	2778.1393	1575.1549	2098.8604
其他	仅为海域使用权价格，不含前期费用、利益相关者补偿费、生态补偿费等	仅为海域使用权价格，不含前期费用、利益相关者补偿费、生态补偿费等	仅为海域使用权价格，不含前期费用、利益相关者补偿费、生态补偿费等

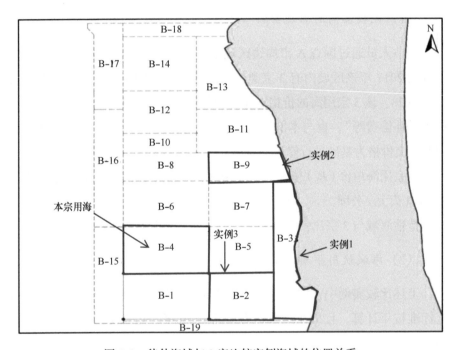

图8–3 待估海域与3宗比较实例海域的位置关系

（3）估价期日修正系数（K_3）

上述3宗比较实例用海的成交日期见表8–28。与本宗用海评估基准日

（2017年10月1日）相距时间分别为：0.66年、0.63年、0.30年。

由于缺少历年海域使用权市场交易价格方面的统计，难以估算工业用海海域价格的变化幅度。另外，本宗用海评估基准日距上述3宗用海中标时间非常接近，根据评估人员经验判断，该期间工业用海价格变化幅度细微，因此设定本宗用海与上述3宗比较实例用海的基准日修正系数均为1，即

本宗用海与实例1用海的基准日修正系数：$K_{31} = 1$；
本宗用海与实例2用海的基准日修正系数：$K_{32} = 1$；
本宗用海与实例3用海的基准日修正系数：$K_{33} = 1$。

（4）交易情况修正系数（K_4）

3宗比较实例用海通过挂牌的形式出让，与本宗用海拟出让形式相同。故设定本宗用海与上述3宗比较实例用海的交易情况修正系数均为1，即

本宗用海与实例1用海的交易情况修正系数：$K_{41} = 1$；
本宗用海与实例2用海的交易情况修正系数：$K_{42} = 1$；
本宗用海与实例3用海的交易情况修正系数：$K_{43} = 1$。

（5）价格影响因素修正系数（K_5）

主要从区域位置、工程建设条件、毗邻土地情况、宗海面积影响、宗海形状影响、交通条件这几个方面将待估海域与上述3宗用海的价格影响因素进行比较（见表8–29）。

设定本宗用海的各因素得分均为100，根据各比较因素的具体属性特征对3宗比较实例用海各因素予以赋值。

区域位置：反映待估海域与行政中心的距离，距离行政中心越近价值越高。以待估宗地条件指数为100，可比实例与之相比，每相差1千米，指数相差1%。

工程建设条件：反映对填海工程成本影响最大的因素，即平均水深条件。平均水深越大，填海成本越高。此处以平均单位吹填量为参考。以待估宗地条件指数为100，可比实例与之相比，每相差1万立方米/公顷，指数相差8%。

表 8–29　价格影响因素比较

宗海名称	本宗用海	实例1	实例2	实例3
区域位置	A市西侧	A市西侧	A市西侧	A市西侧
工程建设条件	平均单位吹填量7.4437万立方米/公顷	平均单位吹填量4.3747万立方米/公顷	平均单位吹填量5.1512万立方米/公顷	平均单位吹填量5.3462万立方米/公顷
毗邻土地情况	10.8万/亩	10.8万/亩	10.8万/亩	10.8万/亩
宗海面积影响	面积较适中，对海域利用有利	面积较适中，对海域利用有利	面积较适中，对海域利用有利	面积较适中，对海域利用有利
宗海形状影响	矩形	较不规则	近似矩形	矩形
交通情况	路网发达、可达性和便利性好	路网发达、可达性和便利性好	路网发达、可达性和便利性好	路网发达、可达性和便利性好

毗邻土地情况：反映与宗海毗邻的工业用地基准价情况。毗邻工业用地价格越高，代表填海形成土地的价值越高。以待估宗地条件指数为100，可比实例与之相比，每相差1万元/亩，指数相差5%。

宗海面积影响：分为大（>100 000平方米）、较大（50 000～100 000平方米）、中（30 000～50 000平方米）、较小（10 000～30 000平方米）、小（<10 000平方米）5个等级，以待估宗地条件指数为100，可比实例与之相比，每相差1个等级，指数相差1%。

宗海形状影响：分为矩形、近似矩形、较不规则但对土地利用无影响、不规则对土地利用有一定影响、很不规则对土地利用影响较大5个等级。以待估宗地条件指数为100，可比实例与之相比，每相差1个等级，指数相差1%。

交通便捷度：分为交通便利、交通较便利、交通基本满足出行要求、交通较不便利、交通不便利5个等级。以待估宗地条件指数为100，可比实例与之相比，每相差1个等级，指数相差1%。

赋值结果依次见表8–30。

由表8–30可依次计算本宗用海涉及的工业用海与其余3宗用海的价格影响因素修正系数。

表8–30　价格影响因素赋值结果

宗海名称	本宗用海	实例1	实例2	实例3
区域位置	100	101	102	99
工程建设条件	100	125	118	117
毗邻土地情况	100	100	100	100
宗海面积影响	100	100	100	100
宗海形状影响	100	98	99	100
交通情况	100	100	100	100

本宗工业用海与实例1用海的价格影响因素修正系数：

$$K_{51} = \frac{100}{101} \times \frac{100}{125} \times \frac{100}{100} \times \frac{100}{100} \times \frac{100}{98} \times \frac{100}{100} \approx 0.8082$$

本宗游乐场用海与实例2用海的价格影响因素修正系数：

$$K_{52} = \frac{100}{102} \times \frac{100}{118} \times \frac{100}{100} \times \frac{100}{100} \times \frac{100}{99} \times \frac{100}{100} \approx 0.8392$$

本宗游乐场用海与实例3用海的价格影响因素修正系数：

$$K_{53} = \frac{100}{99} \times \frac{100}{117} \times \frac{100}{100} \times \frac{100}{100} \times \frac{100}{100} \times \frac{100}{110} \approx 0.8633$$

（6）宗海价格（P）

根据上文市场比较法的公式，可计算本宗海域使用权价格（P）。

根据实例1海域使用权修正得到的本宗海域使用权价格 P_1 为

$$P_1 = P_{b1} \times K_{21} \times K_{31} \times K_{41} \times K_{51}$$

$$= 60.3899 \times 1 \times 1 \times 1 \times 0.8082 \approx 48.8071（万元）$$

根据实例2海域使用权修正得到的本宗海域使用权价格 P_2 为

$$P_2 = P_{b2} \times K_{22} \times K_{32} \times K_{42} \times K_{52}$$

$$= 58.7278 \times 1 \times 1 \times 1 \times 0.8392 \approx 49.2844（万元）$$

根据实例3海域使用权修正得到的本宗海域使用权价格 P_3 为

$$P_3 = P_{b3} \times K_{23} \times K_{33} \times K_{43} \times K_{53}$$

$$= 58.6181 \times 1 \times 1 \times 1 \times 0.8633 \approx 50.6050（万元）$$

取上述3个修正结果的算术平均值，得到本宗海域使用权的单价 P' 为

$$P' = (P_1 + P_2 + P_3)/3 = 49.5655（万元）$$

根据海域价格设定，本宗用海不存在海域使用前期专业费用和利益相关者补偿费用，故最终的海域价格为本宗海面积 48.6679 公顷乘以上文计算的海域使用权单价，即

$$P = 49.5655 \times 48.6679 \approx 2412.2488（万元）$$

根据评估目的，采用市场比较法，在满足海域价格定义及全部假设和限制条件下，经评定估算确定评估对象在评估基准日（2017 年 10 月 1 日）的海域使用权价格为 2412.2488 万元。该结果相较于当时的海域使用金标准溢价 10.15%。

四、基于成本逼近法评估某工业填海造地用海价格

（一）本宗海域价格定义

工业填海造地用海属于城镇建设填海造地用海，指通过筑堤围割海域，填成土地后用于城镇（此处指工业园区）建设的海域。

本宗用海位于 A 市某海域，属于围填海历史遗留问题中未批已填项目。2018 年 7 月，《国务院关于加强滨海湿地保护严格管控围填海的通知》（国发〔2018〕24 号）提出要"加快处理围填海历史遗留问题""依法处置违法违规围填海项目""由省级人民政府负责依法依规严肃查处，并组织有关地方人民政府开展生态评估，根据违法违规围填海现状和对海洋生态环境的影响程度，责成用海主体认真做好处置工作，进行生态损害赔偿和生态修复，对严重破坏海洋生态环境的坚决予以拆除，对海洋生态环境无重大影响的，要最大限度控制围填海面积，按有关规定限期整改"。

本项目属于 B 区域建设用海项目中的一部分。B 区域建设用海项目已整体列入围填海历史遗留问题清单，且已完成备案工作。项目填海由区域建设陆域回填工程一并实施，临时围堤、溢流口等设施统筹安排，本工程不再单独设置。本项目出让后用于临港产业园中的工业项目建设，填海造地所形成工业用地的控制指标见表 8-31。

表 8–31　本项目填海后形成工业用地控制指标

地块编码	地块六
用地代码	M3
用地性质	三类工业用地
建设用地面积 / 平方米	121 149
容积率	1.0
建筑系数 /%	≥ 40
绿地率 /%	10 ~ 20

本项目用海的一级类型为工业用海，二级类型为其他工业用海；用海方式的一级方式为填海造地，二级方式为建设填海造地；宗海面积 12.1149 公顷；宗海使用年期设定为 50 年。本次评估设定评估对象已完成海域利益相关者补偿及用海前期专业编制工作，已完成填海施工并达到"五通一平"，生态修复补偿费由中标单位单独支付。本次评估基准日期为 2022 年 6 月 1 日。本次评估的价格包含海域使用金、必要的前期专业费用（海域使用论证、海域价格评估）、海域利益相关者补偿费、已填海成本等，不包含生态修复补偿费。

（二）成本逼近法评估过程

成本逼近法是以开发海域所耗费的各项费用之和为主要依据，加上正常的利润、利息、应缴纳的税费，以及海域增值收益来确定海域价格的方法。

具体公式为

$$P = (Q + D + B + I + T + C) \times K_1$$

（1）海域取得费（Q）

海域取得费按用海者为取得海域使用权而支付的各项客观费用计算，包括海域使用金、海域使用前期费用和各种补偿费。海域属国家所有，就海域使用权出让而言，其成本构成主要是国家规定的海域使用金最低标准，以及出让过程中发生的前期费用、海域补偿等。

1）海域使用金（Q_1）

海域使用金是指国家以海域所有者身份依法出让海域使用权，而向取得海域使用权的单位和个人收取的权利金。

2018 年 3 月 23 日，财政部、国家海洋局印发了海域使用金征收标准，并规定于 2018 年 5 月 1 日起施行。评估对象宗海位于 A 市，且不占用自然岸线，根据最新的海域使用金标准，项目用海为五等，对应的工业、交通运输、渔业基础设施等造地用海使用金标准为 100 万元 / 公顷。

海域使用金为

$$Q_1 = 100 \times 12.1149 = 1211.4900（万元）$$

2）海域前期专业费用（Q_2）

本项目为 B 区域建设用海的子项目，大部分用海前期工作已在区域建设用海工程中完成，该部分费用纳入开发成本统一核算，仅海域使用论证及海域评估报告为本项目单独编制。

根据委托方提供的相关资料和评估人员的实地调查，同时考虑到前期工作相关的收费标准，本次评估设定该项目客观前期专业费用共 16.3 万元（含海域论证费用、海域价格评估费用）。

$$Q_2 = 16.3（万元）$$

3）海域补偿费用（Q_3）

B 区域建设用海项目占用的滩涂养殖区，在项目启动之前，已由当地政府进行了征用补偿。根据委托方提供资料获悉，完成补偿征迁区域总面积 4513.33 公顷，总共补偿金额 45 086.5308 万元，折合 9.9896 万元 / 公顷。

评估对象宗海作为区域建设用海工程的组成部分，以区域建设一期工程填海造地补偿费用均价作为本次评估的客观补偿费用。本项目造陆面积为 12.1149 公顷，则海域补偿费用为

$$Q_3 = 9.9896 \times 12.1149 = 121.0230（万元）$$

3 项加总后，则本部分海域取得费金额为

$$Q = 1211.4900 + 16.3 + 121.0230 = 1348.8130（万元）$$

（2）海域开发费（D）

成本逼近法中的海域开发费是指达到本报告设定开发程度已经投入的成本。具体指投入并固化在海域上的各种客观费用，如填海、修建防波堤、炸礁、疏浚、建设其他海上构筑物或生产设施等花费的各种费用。

根据本次评估设定的价格定义，该宗海域已完成填海施工。本宗填海属于 B 区域建设工程的组成部分。项目填海由区域建设陆域回填工程一并实施，临时围堤、溢流口等设施统筹安排，本工程不再单独设置。根据区域建设填海的特殊情况，本次评估把海域开发费用分为 3 个部分，分别为：①区域建设用海的前期编制费用（D_1）；②填海工程成本（含海堤建设）（D_2）；③部分基础设施配套成本（道路和防洪排涝设施）（D_3）。

根据委托方提供的相关合同以及财务审核后的工程造价，确定总的区域填海的 3 个部分费用如下。

1）区域建设用海的前期编制费用（D_1）

区域建设用海必要的前期编制费用包括区域建设用海规划、防洪排涝专题、社会稳定风险评估专题等费用。总共发生前期费用为 17 655.5379 万元。按规划形成总面积 1519.628 公顷计算，可折算该费用的区域面积单位成本为 11.6183 万元 / 公顷。

2）填海工程成本（含海堤建设）（D_2）

根据委托方提供的各项合同以及财务审核后的工程造价，区域填海整体完成的工程造价（财审价）为 236 017.5016 万元。按规划形成总面积 1519.628 公顷计算，可折算该费用区域面积单位成本为 155.3127 万元 / 公顷。

3）部分基础设施配套成本（道路和防洪排涝设施）（D_3）

本报告价格定义包含部分基础设施配套成本（道路和防洪排涝设施）。根据委托方提供的各项合同以及财务审核后的工程造价，区域填海整体完成的基础设施配套成本（道路和防洪排涝设施）为 118 760.7149 万元。按规划形成总面积 1519.628 公顷计算，可折算该费用区域面积成本为 78.1512 万元 / 公顷。

评估对象宗海作为区域建设用海工程的组成部分，项目填海由区域建设陆域回填工程一并实施，临时围堤、溢流口等设施统筹安排，本工程不再单独设置。为了解该类型填海工程的客观成本，评估人员收集了类似工程的设计总概算数据。调研发现，上述罗列的区域建设工程各项成本在正常项目成本范围内。故本次评估在综合考虑了填海施工期至评估基准日各项成本价格的变动水平以及行业竞争、施工方式改进等诸多因素后，以该区域 1519.628 公顷填海成本的单位平均值作为本宗用海的客观开发费用。本项目造陆面积为 12.1149 公顷，则海域开发费用为

$$D = (11.6183 + 155.3127 + 78.1512) \times 12.1149 \approx 2969.1463（万元）$$

（3）海域开发利息（B）

计算海域取得费和海域开发费至评估基准日的利息。

以已投入的海域补偿费和前期专业费用及开发费用为基数，按照各项费用投入期限和年利息率，分别估计各期投入应支付的利息。

根据大型填海工程的客观开发周期，设定本宗项目开发周期按照 60 个月计算，海域补偿周期 12 个月，填海施工期 48 个月。截至评估基准日，本项目已完成填海并完成道路、防洪排涝等基础设施配套，且设定补偿发生在填海施工之前。设定补偿费用在计息期均匀投入，评估基准日贷款利率按现行的 1 年期 LPR 贷款利率 +BP 的方式，同时结合银行实际贷款情况进行确定，将本评估报告利率设定为 4.35%，则该部分利息为

$$B_1 = 121.0230 \times \left[(1 + 4.35\%)^{4+1/2} - 1\right] \approx 25.5601（万元）$$

针对本项目的前期专业工作包含海域论证和价格评估。设定这两部分前期专业工作的开展周期为 6 个月，即客观计息期 6 个月，费用为计息期内均匀投入，评估基准日贷款利率按现行的 1 年期 LPR 贷款利率 +BP 的方式，同时结合银行实际贷款情况进行确定，将本评估报告利率设定为 4.35%，则该部分利息为

$$B_2 = 16.3 \times \left[(1 + 4.35\%)^{0.5/2} - 1\right] \approx 0.1744（万元）$$

海域开发费用的计息周期为 48 个月，设定海域开发费在计息周期内均匀投入，评估基准日贷款利率按现行的 1 年期 LPR 贷款利率 +BP 的方式，同时结合银行实际贷款情况进行确定，将本评估报告利率设定为 4.35%，则该部分利息为

$$B_3 = 2969.1463 \times \left[(1 + 4.35\%)^{4/2} - 1\right] \approx 263.9341（万元）$$

将上述 3 个部分的利息加总，可得到总的海域开发利息为

$$B = 25.5601 + 0.1744 + 263.9341 = 289.6686（万元）$$

（4）海域开发利润（I）

一般以海域取得费、开发费、税费为基数，根据海域使用类型、开发周期和所处地社会经济条件综合确定的海域投资回报率来计算。

本次评估，以按照价格定义确定发生的客观前期专业费用16.3万元、海域补偿费用121.0230万元、海域开发费2969.1463万元为基数进行计算。

参考《企业绩效评价标准》（2021版），工程建筑业全行业资本收益率优秀值为22.0%，平均值为10.6%，最差值为1.9%。考虑到A市经济情况在所在省份处于中游偏下，经综合考虑取8%作为本项目开发利润率。

则尚需计算的开发利润为

$$I = （16.3 + 121.0230 + 2969.1463）\times 8\% \approx 248.5175（万元）$$

（5）税费（T）

根据评估对象所在地区实际情况，无相关费用。

（6）海域增值收益（C）

海域增值收益可参照待估海域所在区域类似海域开发项目增值额或比率测算。

经评估人员调研，近年来A市所在省份工业类填海造地用海海域使用权市场化出让溢价率（相较于海域使用金标准）平均为8%~15%。考虑到2018年海域使用金标准大幅提升，根据2018年最新的海域使用金标准，本项目所在区县工业用填海造地海域使用金标准由45万元/公顷增长到100万元/公顷，增长幅度122.22%；而当地工业用地基准价近年来并未明显增长。故本次评估以溢价率的最低值8%作为海域增值率。由此计算海域增值收益为

$$C = 1211.4900 \times 8\% = 96.9192（万元）$$

（7）海域使用年期修正系数（K_1）

本次评估为海域出让价格评估，法定用海年限为50年，故不进行年

期修正，取年期修正系数 K_1 为 1.0。

（8）宗海价格（P）

$$P = (Q + D + B + I + T + C) \times K_1 = (1348.8130 + 2969.1463 + 289.6686 + 248.5175 + 0 + 96.9192) \times 1.0 = 4953.0646（万元）$$

根据评估目的，采用成本逼近法，在满足海域价格定义及全部假设和限制条件的情况下，经评定估算确定评估对象在评估基准日（2022 年 6 月 1 日）的海域使用权价格为 4953.0646 万元。

该评估结果包含必要的前期费用和海域开发费用。根据委托方提供的资料，本宗海域出让前期专业编制费用（含海域使用论证和价格评估）16.3 万元，海域利益相关者补偿费分摊为 121.0230 万元，海域开发费（含填海工程费用、道路和防洪排涝设施等基础设施配套等费用）分摊为 2969.1463 万元；该部分费用按照 4.35% 利息率计算的客观利息为 289.6686 万元，按照 8% 利润率计算的客观利润为 248.5175 万元。该评估结果扣除海域价格定义中包含的前期费用、海域开发费用以及必要的利息利润之后，相较于最新的海域使用金标准溢价 8.00%。

第九章 结语

海域价格评估工作是实施海域市场化配置的基础，评估结果作为海域市场化出让的底价，是对海域使用金标准的积极修正。在本书所选取的评估实例中，采用不同评估方法计算的海域使用权价格总体上明显高于按海域使用金标准计算的海域使用权价格，这在一定程度上提高了海域空间利用效率，保障了国有资源收益。作为海域管理的一种经济手段，海域评估以及海域的市场化配置制度，可以引导海域资源的合理开发利用，提高海域空间的利用效率，促进海洋经济的健康发展。

对评估方法的选择，应根据待估海域使用权的特点及实际情况，结合各类方法的适用条件，进行合理选择。收益还原法适用于待估海域有收益或潜在收益的情况；成本逼近法适用于在海域市场不发达地区，缺少同类型海域交易案例等的情况；剩余法适用于待估海域具有开发或再开发潜力的情况；市场比较法适用于海域市场较发达地区，拥有充足的替代性的海域交易案例的情况；基准价系数修正法适用于已颁布海域基准价格的地区。在实际评估工作中，针对同一宗海域使用权，通过选择两种以上适宜方法进行评估，使评估结果相互佐证，可以保障最终评估结果的科学性。

目前来看，海域价格评估仍不成熟，仍有诸多方面需要进一步探讨和完善。比较有代表性的问题包括：还原利率的计算、剩余法评估结果"倒挂"问题、与市场化出让的衔接、填海形成土地的收益共享机制，等等。

（1）还原利率的计算

还原利率是影响海域价格评估结果的重要参数。还原利率就是把不动产纯收益还原成不动产价格的一个比率。在海域使用权评估中，海域还原利率是将海域产生的未来纯收益还原为某一估价期日海域价格的比率。

《海域价格评估技术规范》明确了两种还原利率的计算方法。一种是市场提取法，选择3宗以上最近发生的，且在类型、性质上与待估海域相似的交易案例，以交易案例的纯收益与其价格比值的均值作为还原利率。另一种是安全利率加风险值调整法，这也是本书案例中采用的方法。安全利率选用同一时期的1年期国债年利率或1年期银行定期存款利率；风险调整值根据待估海域所处地区的社会经济发展和海域市场等状况对其的影响程度来确定，具体可以通过专家打分法、经验判断法、调查表法等方法确定。

严格意义上讲，安全利率加风险值调整法主观性较强，对真实市场的反映较差，其准确性依赖于评估人员的经验判断；而市场提取法适于市场比较发育、交易类型普遍、市场交易资料充裕的情形，而这恰是当前海域市场所不具备的条件。因此，还原利率的计算是当前海域价格评估工作中碰到的非常关键的问题。随着海域市场化配置程度的提高，应该有更多的研究聚焦于海域还原利率的计算，为海域价格评估工作提供支撑。

（2）剩余法评估结果"倒挂"问题

海域相对于陆域自然条件和评估环境都更为复杂，海域价格评估实践时间不太长，使得剩余法在当前海域价格评估中经常出现评估结论"倒挂"等问题。评估结论"倒挂"不仅直接和间接地影响海域价格评估结果的有效性，也在较大程度上限制了其对海洋经济发展发挥应有的作用。运用剩余法在海域价格评估中出现结论"倒挂"，就成为亟待解决的问题。在本文所列举案例中，第八章中的第二个案例就出现了评估结果"倒挂"这一问题，究其原因，一方面是填海后形成土地因规划条件导致价值较低；另一方面，更主要的原因是填海工程的复杂性，过高的防洪、防浪等强制性工程约束条件导致填海造地成本过高。

尽管会存在评估结论"倒挂"的情况，但在一级市场海域价格评估中，剩余法仍是一种有用的评估方法。其评估结论"倒挂"虽不会直接被采用，但这种结论仍然能对其他评估方法的使用起到对比分析和验证的作用与效果，其实质也是被间接采用。因此，要正确看待剩余法在一级市场海域价格评估中的结论"倒挂"现象。在排除剩余法的不当的应用之后，需要对结论"倒挂"的不同情境进行具体分析，不能对所有结论"倒挂"现象予以全盘否定。对于剩余法的评估方法选择正确、评估程序执行到位和相关参数取值合理的海域价格评估结论"倒挂"的情形，应予肯定和接受。在制定、修订海域价格评估准则或标准时，应充分考虑到海域一级市场与二级市场评估对象的差异、海域与陆域物理状态不同等特点，并针对这些特点，优化剩余法的使用建议。

（3）与市场化出让的衔接

随着国家资源管理体制改革的加快，海域资源的市场化配置程度不断提高。而剩余法也在这个过程中逐步成为目前海域使用权评估领域最常用的估价方法之一。对于市场化出让海域使用权，从严格意义上讲，出让海域的竞得业主是不明确的，海域的利用方案和建设内容也是不明确的，不同的用海意向人有不同的海域使用具体工程方案设计。而剩余法应用，需要首先明确待估海域开发完成后的对象和利用方式（如游艇用海中存在的游艇泊位个数、泊位长度、施工工艺等要素）；海域开发利用的复杂性，使其很难像土地开发设定绿化率、容积率等条件那样，限定非填海项目的利用方式，因此只能借助前期意向单位的《项目工程可行性研究报告》假设海域开发完成后的价值以及计算开发成本。这无疑导致评估过程存在一定的"意向性"。严格意义上讲，这种做法并不能完全适应市场化配置的要求。这就需要海洋行政主管部门在制度上有所突破，进一步完善海域市场化配置制度和相关的技术规范。

（4）填海形成土地的收益共享机制

尽管国土行政主管部门和海洋行政主管部门在机构改革中已统一为自然资源行政主管部门，但是考虑到土地出让金和海域使用金适用于不同的征收体系，因此以招拍挂形式出让填海造地海域使用权所获得收益在土地征收体系与海洋征收体系之间如何分配的问题，仍需要进一步探讨和完善。填海造地形成土地的价值扣除各项成本（前期费用、补偿费用、填海成本、土地开发成本、利息等）及客观利润后，剩余部分（V）为海域使用金与土地出让金之和。这部分价值的大小主要是由海域空间、规划条件以及社会经济条件等共同决定。目前，还没有相关法律法规对填海造地形成土地后的收益如何在土地与海洋部门之间分配进行规范。本书建议以"协议出让土地使用权的最低价（P_L'）"和"海域使用权最低价（P_S'）"的比值作为剩余收益（V）在土地与海域征收体系之间的分配比例。根据《国有建设用地使用权出让地价评估技术规范（试行）》，"拟出让土地最低价（P_L'）与新增建设用地有偿使用费、征地拆迁补偿费以及按照国家规定缴纳的各项税费之和对比"。而本书探讨的新增土地为填海形成，不存在征地拆迁补偿费和耕地占用税等其他税费，故可仅考虑新增建设用地有偿使用费；具体取值标准可参照现行的新增建设用地土地有偿使用费征收标准及等别。关于海域使用权最低价（P_S'），取值可以直接参照现行的《海域使用金征收标准》。具体分配公式为

$$P_L = \frac{P_L'}{P_L' + P_L'} V \quad ; \quad P_S = \frac{P_S'}{P_L' + P_S'} V$$

式中：P_L—— 土地征收体系的收益分成；

$\quad\quad P_S$—— 海域征收体系的收益分成；

$\quad\quad P_L'$—— 协议出让土地使用权的最低价；

$\quad\quad P_S'$—— 海域使用权最低价；

$\quad\quad V$—— 填海造地形成土地的价值扣除各项成本及客观利润后的剩余部分。

参考文献

卞耀武，曹康泰，王曙光，2002. 中华人民共和国海域使用管理法释义［M］. 北京：法律出版社.

蔡悦荫，赵全民，王伟伟，2012. 中国海域有偿使用制度实施现状及建议［J］. 海洋开发与管理（11）：9–13.

查士丁尼，1999. 法学阶梯［M］. 徐国栋，译. 北京：中国政法大学出版社.

陈培雄，相慧，李欣瞳，等，2017. 我国海域资源评价理论与方法研究综述［J］. 海洋信息（2）：52–57.

陈帅，2014. 农渔业用海基准价格评估与实证研究——以象山县农海业用海为例［D］. 杭州：浙江大学.

陈万隆，2021. 海域基准价格修正体系建立方法研究［D］. 杭州：浙江大学.

陈文福，2004. 西方现代区位理论述评［J］. 云南社会科学（2）：62–66.

邓伟根，2001. 产业经济学研究［M］. 北京：经济管理出版社.

范里安，2015. 微观经济学：现代观点［M］. 费方域，朱保华，等译. 上海：格致出版社.

冯友建，王静，2013. 海域价格评估中还原利率的确定方法研究［J］. 海洋开发与管理，30（5）：13–17.

葛本中，1989. 中心地理论评介及其发展趋势研究［J］. 安徽师范大学学报，12（2）：80–88.

管华诗，王曙光，2003. 海洋管理概论［M］. 青岛：中国海洋大学出版社.

韩立民，陈燕，2006. 海域使用管理的理论与实践［M］. 青岛：中国海洋大学出版社.

贺义雄，勾维民，2015. 海域使用金评估问题研究［J］. 中国渔业经济，33（4）：12–16.

胡灯进，郭晓峰，杨顺良，2016. 以海域物权视角探讨海砂开采海域使用权价格评估［J］. 海洋开发与管理，33（5）：37–40.

纪益成，孔昊，2023. 剩余法在一级市场海域价格评估结论"倒挂"问题探讨［J］. 中国资产评估（1）：4-11.

纪益成，吴思婷，2021. 假设开发法的理论基础、假设思路及相关问题探讨［J］. 中国资产评估（4）：49-55.

金相郁，2004. 20 世纪区位理论的五个发展阶段及其评述［J］. 经济地理，24（3）：294-317.

孔昊，胡灯进，罗美雪，2017. 海域使用权价格评估实例研究［J］. 海洋开发与管理（8）：87-91.

孔昊，胡灯进，罗美雪，等，2021. 假设开发法在海域使用权价值评估中的应用——以游艇码头用海为例［J］. 海洋开发与管理（11）：42-46.

孔昊，杨顺良，罗美雪，2019. 围填海造地与土地管理制度衔接的地方实践研究——以福建省为例［J］. 海洋环境科学，38（5）：720-725.

李佩瑾，2006. 海域使用评估理论与实证研究［D］. 大连：辽宁师范大学.

李永军，2006. 海域使用权研究［M］. 北京：中国政法大学出版社.

林静健，张继伟，袁征，等，2016. 假设开发法在海域价格评估中的应用研究［J］. 环境与可持续发展，41（4）：47-50.

凌杨，唐焱，朱传广，等，2015. 基于 C-D 生产函数的海域使用权价格评估研究——以连云港市养殖用海为例［J］. 海洋开发与管理，32（6）：30-33.

娄成武，崔野，2020. 海洋强国视域下的省级海洋行政机构改革：回顾与展望［J］. 社会科学研究（6）：59-67.

罗丽艳，2003. 自然资源价值的理论思考——论劳动价值论中自然资源价值的缺失［J］. 中国人口·资源与环境，13（6）：19-22.

吕彩霞，2003. 论我国海域使用管理及其法律制度［D］. 青岛：中国海洋大学.

马艳丽，2011. 海域权属管理制度研究［D］. 厦门：厦门大学.

马中，2006. 环境与自然资源经济学概论［M］. 2 版. 北京：高等教育出版社.

曼昆，2003. 经济学基础（第二版）［M］. 梁小民，译. 北京：三联书店.

毛万磊，2022. 行业管理与"综散结合"：中国海洋管理与执法体制研究［J］. 浙江海洋大学学报（人文科学版），39（4）：20-26.

苗丰民，赵全民，2007. 海域分等定级及价值评估的理论与方法［M］. 北京：海洋出版社.

彭本荣，洪华生，2006. 海岸带生态系统服务价值评估——理论与应用研究［M］. 北京：海洋出版社．

秦书莉，2006. 海域价格及其评估方法的理论与实证研究［D］. 天津：天津师范大学．

沈佳纹，2017. 海域基准价评估：厦门案例研究［D］. 厦门：厦门大学．

沈佳纹，彭本荣，王嘉晟，等，2018. 海域基准价格评估：厦门案例研究［J］. 海洋通报，（6）：676–684.

斯奇巴尼，1999. 物与物权［M］. 范怀俊，译. 北京：中国政法大学出版社．

宋协法，燕鹏，黄志涛，等，2018. 基于成本法和收益法的海域价值评估研究——以山东荣成某海带筏式养殖海域为例［J］. 中国海洋大学学报（社会科学版）（3）：33–38.

王飞，2018. 海域增值及增值收益测算研究［D］. 杭州：浙江大学．

王刚，袁晓乐，2016. 我国海洋行政管理体制及其改革——兼论海洋行政主管部门的机构性质［J］. 中国海洋大学学报（社会科学版），（4）：49–54.

王静，2013. 我国港口用海基准价格评估方法与实证研究［D］. 杭州：浙江大学．

王静，徐敏，2006. 连云港市连岛度假区填海工程宗海估价［J］. 海洋开发与管理，23（3）：47–49.

王满，郑鹏，2014. 宗海价格评估方法研究［J］. 价格理论与实践（1）：118–120.

王平，谢健，2008. 海域分等与海域使用基准价评估研究——以广东省沿海地市为例［J］. 热带海洋学报（1）：65–69.

王文俊，2015. 海域价格评估理论与实证研究［D］. 厦门：集美大学．

王印红，吴金鹏，2015. 我国渔业用海基准价定价模型研究［J］. 价格月刊（7）：26–30.

韦伯，1997. 工业区位论［M］. 北京：商务印书馆．

席薇薇，冯友建，2014. 海域基准价格动态更新及其评估方法探讨［J］. 海洋开发与管理（7）：21–24.

相慧，陈培雄，沈家法，等，2015. 成本法在海域资源一级市场价格评估中的应用研究［J］. 海洋开发与管理（12）：20–24.

谢寅万，2011. 论海域使用权的市场化法律研究［D］. 青岛：中国海洋大学．

谢振民，2000. 中华民国立法史［M］. 北京：中国政法大学出版社．

徐春燕，2006.海域使用管理法律制度研究［D］.大连：大连海事大学.

徐伟，2007.宗海价格评估理论与方法研究［D］.天津：天津大学.

徐祥民，2009.中国海域有偿使用制度研究［M］.北京：中国环境科学出版社.

尹田，2004a.中国海域物权的理论与实践［M］.北京：中国法制出版社.

尹田，2004b.中国海域物权制度研究［M］.北京：中国法制出版社.

尹蔚珊，2014.旅游用海基准价格评估研究——以象山县旅游用海为例［D］.杭州：浙江大学.

于沛利，王淼，2016a.海域动态基准价格计量模型的构建［J］.中国渔业经济（1）：36–41.

于沛利，王淼，2016b.我国海域基准价格评估制度研究进展及展望［J］.中国渔业经济（5）：99–106.

于青松，齐连明，等，2006.海域评估理论研究［M］.北京：海洋出版社.

袁征，2021.许可费节省法在海域使用权征收补偿评估中的应用研究［J］.商业观察（31）：50–52.

岳奇，2010.莱州港海域使用金评估方法研究［D］.天津：天津大学.

张偲，王淼，2015.我国海域有偿使用制度的实施与完善［J］.经济纵横（1）：33–37.

张惠荣，2009.海域使用权属管理与执法对策［M］.北京：海洋出版社.

张武根，2012.海域价格及其影响因素研究［D］.南京：南京师范大学.

赵梦，2014.旅游娱乐用海海域评估研究——以海南省典型用海为例［D］.天津：天津大学.

赵学良，2008.海域有偿使用价格评估的理论与方法研究［D］.大连：辽宁师范大学.

郑晓云，崔东阳，陈沛歆，等，2021.基准价格系数修正法评估海域价格研究［J］.中国物价（9）：96–97.

钟毅飞，2016.海域使用权价格评估技术及方法的实证研究［D］.舟山：浙江海洋大学.

Clark J R，1997. Coastal zone management for the new century［J］. Ocean and Coastal Management，37：191–216.

Damodar Gujarati，1978. Basic Econometrics［M］. Mc Graw–Hill，Inc.

Floyd Charles F，1987. Real Estate Principles［M］. USA Inc：Longman Group.

Fraser W D，1993. Principles of Property Investment and Pricing［M］. London：Mac

Millan.

Kong H, Yang W, Peng R, et al., 2021. Application of Hypothetical Development Method in Value Evaluation of Sea Area Use Right– A Case Study of Entertainment Sea Area [J] . E3S Web of Conferences, 257: 03040.

Kong H, Shen J W, Zhao Y N , Sun Q Q, 2022. Assessment of sea–Area benchmark pricing: using chinese aquaculture to evaluate and revise the price Structure of resources [J] . Journal of Coastal Research, 38 (5): 925–936.

Repetto R, et al., 1989. Wasting Assests: Natural P Resources in the National Income Accounts [M] . WRI, Washington DC.

Robort Barro, Jong–Whalace, 1994. Source of economic growth [J] . Carnegie–Rochester Conference Series on Public Policy, 40.

Ron Martin, Peter Sunley, Slow Convergence, 1998. The new endogenous growth theory and regional development [J] . economic geography, 74 (3) .

Samonte–Tan G, White A, Tercero M, 2007. Economic Valuation of Coastal and Marine Resources: Bohol Marine Triangle, Philippines [J] . Coastal Management, 35, 319–338.

Swinton S M, Lupi F, Robertson G P, 2007. Ecosystem services and agriculture: cultivating agricultural ecosystems for diverse benefits [J] . Ecological Economics, 64, 245–252.

William H. Greene, 1997. Econometric Analysis [M] . Prentice –Hall International Inc.